U0332628

安泽 编著 III

新娘经典韩式发型100例 II

人 民 邮 电 出 版 社

北 京

**图书在版编目（CIP）数据**

新娘经典韩式发型100例. 2 / 安洋编著. -- 北京：
人民邮电出版社，2014.11（2015.8重印）
ISBN 978-7-115-36887-4

Ⅰ. ①新… Ⅱ. ①安… Ⅲ. ①女性－发型－设计
Ⅳ. ①TS974.21

中国版本图书馆CIP数据核字(2014)第199339号

## 内 容 提 要

本书包含100个韩式新娘发型设计案例，分为编发造型、盘卷造型、编盘造型和层次造型4个部分，都是影楼摄影、婚礼当天会用到的经典发型。本书中的案例融入了多种造型手法，每款发型都通过图例与步骤说明相对应的形式进行讲解，分析详尽，风格多样，手法全面，每个案例都有不同角度的展示，并进行了造型提示，使读者能够更加完善地掌握造型方法。

本书适用于在影楼从业的化妆造型师和新娘跟妆师阅读，同时也可供相关培训机构的学员参考使用。

◆ 编　著　安　洋
责任编辑　赵　迟
责任印制　程彦红

◆ 人民邮电出版社出版发行　北京市丰台区成寿寺路 11 号
邮编　100164　电子邮件　315@ptpress.com.cn
网址　http://www.ptpress.com.cn
北京市雅迪彩色印刷有限公司印刷

◆ 开本：889×1194　1/16
印张：14
字数：506 千字　　　　　　2014 年 11 月第 1 版
印数：7 501 – 9 500 册　　　2015 年 8 月北京第 5 次印刷

定价：98.00 元
读者服务热线：(010)81055410　印装质量热线：(010)81055316
反盗版热线：(010)81055315
广告经营许可证：京崇工商广字第 0021 号

化妆造型在当今社会越来越受到重视，所运用的范围也越来越广泛。结婚是人生中一件重要的大事，很多新娘对拍摄婚纱照及婚礼当天的妆容造型都要求很高。每个人的爱好及适合的妆容造型都不相同，打造新娘喜欢又适合她们的造型是化妆造型师要完成的工作。

韩剧的盛行让韩式新娘妆容造型受到众多新娘的追捧，她们梦想自己就是韩剧中待嫁的女主角。韩式新娘的造型主体在后发区，前区通常露出光洁的额头或是采用简约的刘海，搭配精致的皇冠或唯美的鲜花。很多人喜欢韩式妆容造型，认为其效果大方得体；但也有人认为韩式造型向后盘起的感觉会显得老气。其实韩式造型的变化也可以多种多样，编发、打卷等手法的巧妙运用及饰品的合理搭配，可以让韩式造型显得更大气、更唯美。

韩式妆容造型适合搭配轻盈的纱质或者丝质面料的婚纱，因为这种质感的婚纱会给人柔和温情的感觉，很适合体现韩式造型的风格特点。因为韩式造型的主体位置偏下，所以一般不会选择胸部以上位置设计得比较繁杂的婚纱，吊带、抹胸的婚纱都是很好的选择。在饰品方面，皇冠和鲜花是最常见的韩式造型饰品。在以皇冠作为饰品的时候，可以选择风格典雅的婚纱；而以鲜花为饰品的时候，可以选择风格浪漫的婚纱。

本书分为编发式、盘卷式、层次式、编盘式 4 个部分，以 100 个案例来诠释韩式造型。希望本书能为大家带来灵感。在学习造型的时候，对手法运用的理解要比单纯模仿一个造型更加重要，因为不同新娘的头发长度、厚度、发质各不相同，在不同的新娘身上很难做出完全一样的造型，只有深入地掌握各种手法并加以运用和变化，才能做出更多、更好的造型，最终形成自己的造型风格。

感谢以下朋友对本书编写工作的大力支持，因为有了大家的帮助，我才能走得更长、更远。如有遗漏，敬请谅解。他们分别是（排名不分先后）：慕羽、春迟、朱霏霏、庄晨、陶子、赵雨阳、刘宁、哩里、刘智……

最后感谢人民邮电出版社赵迟老师对本人工作的大力支持，使本书更快、更好地呈现在读者面前。

安洋
2014 年初夏

 113
 115
 117
 119
 121

[韩式编盘造型
122-187]

 125
 127
 129
 131
 133

 135
 137
 139
 141
 143

 145
 147
 149
 151
 153

 155
 157
 159
 161
 163

[韩式层次造型]
[188-219]

211 213 215 217 219

［韩式编发造型］

**STEP 01**   将后发区的头发以四股辫的形式编发，注意发辫不要过于松散。

**STEP 02**   将发辫用皮筋固定后向上提拉，扭转并固定。

**STEP 03**   将后发区另一侧的头发进行三带一编发，用皮筋固定。

**STEP 04**   将发辫向上提拉，扭转并固定，和第一个发辫形成衔接。

**STEP 05**   将后发区左侧的头发按照同样的形式操作。

**STEP 06**   将发辫向一侧提拉，穿过前面固定的两股发辫，用暗卡固定。

**STEP 07**   将剩余的头发继续以三带一的形式编发。将发辫向上提拉，扭转后穿过上方的发辫，用发卡固定。

**STEP 08**   将剩余的头发以三连编的形式编发。

**STEP 09**   将编好的发辫用皮筋固定，向一侧提拉，扭转并固定。

**STEP 10**   将侧发区的头发以三连编的形式编发，将编好的发辫用皮筋固定。
将发辫向后发区提拉，扭转。用暗卡将发辫固定牢固。

**STEP 11**   另一侧发区同样以三连编的形式编发。

**STEP 12**   将发辫向后发区延伸，编至发尾。将发辫向上提拉，扭转并固定。

**STEP 13**   以尖尾梳为轴将刘海区的头发向上翻转，做出上翻卷的刘海。

**STEP 14**   将刘海区的头发用暗卡固定，将剩余的发尾用三股辫的形式编发，
向上提拉，和顶发区的发辫形成衔接。

**STEP 15**   佩戴造型花，进行点缀。造型完成。

### 造型提示

此款造型以三连编编发、三带一编发和四股辫编发的手法操作而成。在用发辫打造后发区的时候，注意整个外轮廓的饱满度，可以边固定发辫边调整，这样才能使轮廓更加饱满。

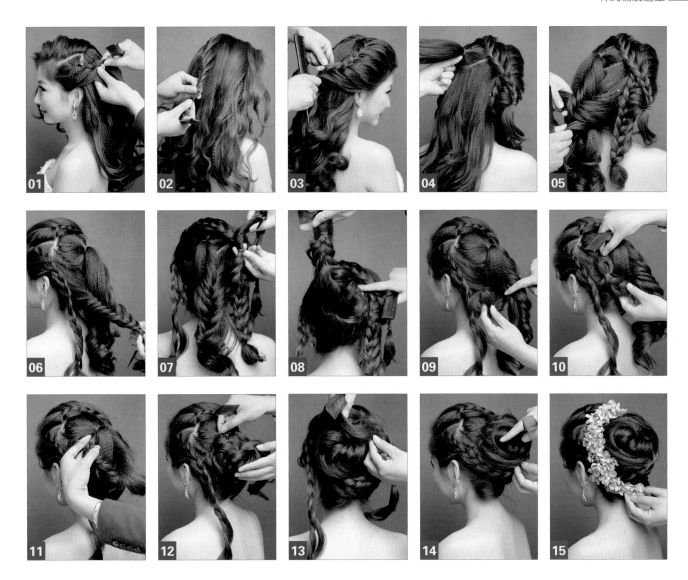

STEP 01　将侧发区的头发以三带一的形式编发。

STEP 02　将刘海区的头发以三股辫的形式编发，编至发尾用皮筋固定。

STEP 03　将另一侧发区的头发同样以三带一的形式编发。

STEP 04　将顶发区的头发用皮筋固定成马尾。

STEP 05　将顶发区的马尾分出一半，合并后发区的头发，进行四股辫编发。

STEP 06　将顶发区另一侧的马尾同样合并后发区的头发，进行四股辫编发。

STEP 07　将发辫编好，用皮筋固定。

STEP 08　将左侧的四股辫向上提拉。

STEP 09　将另一条四股辫穿过提拉起的四股辫。

STEP 10　将发辫扭转并固定，将发尾藏进头发里。

STEP 11　将另外一条四股辫向一侧扭转。

STEP 12　将扭转后的四股辫用发卡固定，和第一条四股辫衔接到一起。

STEP 13　将右侧发区的发辫向后发区固定，将发尾摆放出层次。

STEP 14　将左侧发区的头发向后发区衔接固定，将发尾摆放出层次。

STEP 15　在后发区和侧发区的交界处用造型花点缀成月牙形的轮廓，在另一侧发
　　　　　区的发辫衔接处佩戴造型花。造型完成。

## 造型提示

此款造型以三带一编发和四
股辫编发的手法操作而成。要注
意刘海区及两侧发区的头发的蓬
松度和饱满度，不要梳理得过
于光滑。饱满的轮廓更能
凸显新娘的气质。

**STEP 01** 将所有头发用玉米夹处理蓬松，将刘海区的头发以三连编的形式编发。

**STEP 02** 向后发区延伸，以斜线的走向继续编发。

**STEP 03** 编至发尾，注意不要编得过于松散。

**STEP 04** 将编好的发辫用皮筋固定，然后向一侧提拉，扭转。

**STEP 05** 将侧发区的头发以三带一的形式编发。

**STEP 06** 编至发尾，使发辫的上方和第一股发辫形成衔接。

**STEP 07** 将编好的发辫同样向一侧提拉，扭转并固定，和第一股发辫衔接在一起。

**STEP 08** 将另一侧发区的头发以三连编的形式编发。

**STEP 09** 继续向后编发，注意角度的变化和弧形的轮廓。

**STEP 10** 将发辫编至发尾，用皮筋固定。

**STEP 11** 将编好的发辫扭转，用发卡固定。

**STEP 12** 佩戴饰品，进行点缀。造型完成。

## 造型提示

此款发型以三连编编发和三带一编发的手法操作而成。在从前向后编发的时候，注意调整编发的角度，并适当调整操作者的方位，以便于塑造造型的轮廓。

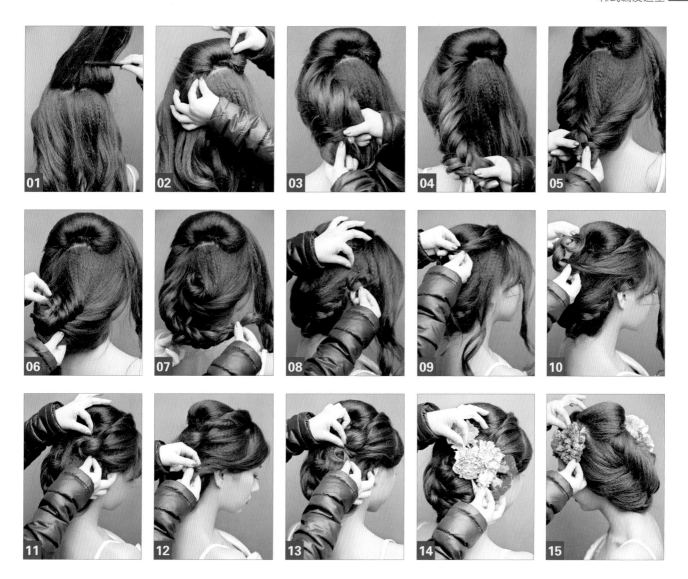

**STEP 01** 用玉米夹将头发处理蓬松，将顶发区的头发向上提拉，将内侧倒梳。

**STEP 02** 将倒梳后的头发表面梳光，向内扣转并固定，注意发卡不要外露。

**STEP 03** 将侧发区的头发以三连编的形式向后发区编发。

**STEP 04** 将发辫编至发尾，用皮筋固定。

**STEP 05** 将后发区剩余的头发以同样的形式编发，注意保持适当的松散度。

**STEP 06** 将编好的发辫用皮筋固定，向一侧提拉并打卷。

**STEP 07** 将另一侧已经编好的发辫向右侧提拉。

**STEP 08** 将发辫环绕头发一圈，用发卡固定。

**STEP 09** 将侧发区的头发以交叉的形式编发。

**STEP 10** 将剩余的发尾扭转并打卷。

**STEP 11** 将扭转后的头发用发卡固定，注意发卡不要外露。

**STEP 12** 将刘海区的头发向侧发区扭转。

**STEP 13** 将扭转后的头发用发卡固定，将发尾固定在后发区。

**STEP 14** 在侧发区和后发区的交界处佩戴造型花，在靠近后发区的位置佩戴更多
的不同颜色的造型花，不同颜色的花材搭配在一起可以很好地突出造型
的层次感。

**STEP 15** 在刘海区和侧发区的交界处佩戴造型花，修饰前发区。造型完成。

### 造型提示

此款造型以三连编编发和倒
梳的手法操作而成。打造此款造
型要注意两侧造型花佩戴的呼应
感觉，同时，额头位置佩戴的
造型花要对额角起到一定的
修饰和遮挡作用。

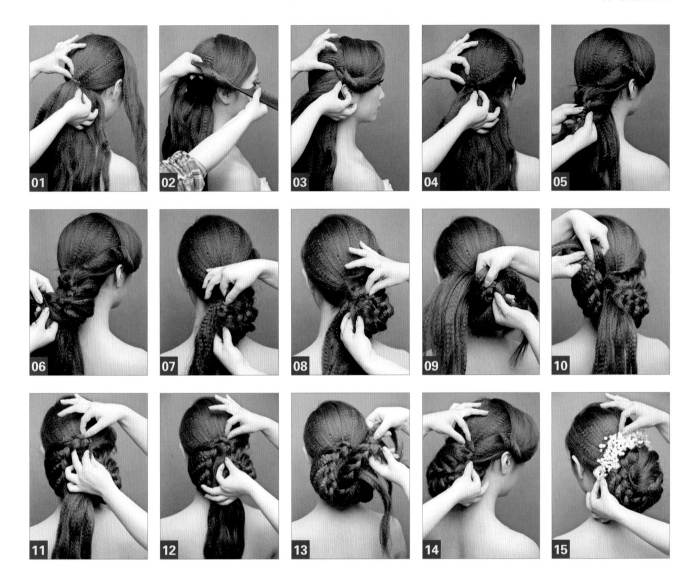

**STEP 01**　用玉米夹将所有头发处理蓬松，分出刘海区和后发区。将后发区的头发扎马尾。

**STEP 02**　将刘海区的头发内侧倒梳，将表面梳光，以尖尾梳为轴向侧发区做上翻卷。

**STEP 03**　将上翻后的刘海用发卡固定，注意发卡不能外露。

**STEP 04**　用手将刘海区剩余的发尾扭转。扭转后的头发用发卡固定在马尾的位置，和马尾衔接到一起。

**STEP 05**　将马尾的头发以三连编的形式编发。

**STEP 06**　继续向下续发编发，注意保持适当的蓬松度。

**STEP 07**　将编好的发辫用皮筋固定，向上提拉。

**STEP 08**　将发尾藏进头发里，用发卡将发辫固定，注意发卡不要外露。

**STEP 09**　将剩余的头发向上提拉，以三连编的形式编发。

**STEP 10**　编发的时候注意角度的变化，要保持适当的蓬松度。

**STEP 11**　将编好的发辫收尾，用皮筋固定好并向一侧提拉，扭转。

**STEP 12**　用发卡将发辫的发尾固定，固定的时候把发尾藏进头发里。

**STEP 13**　将剩余的最后一股头发编发。

**STEP 14**　将编好的发辫用皮筋固定发尾，再用发卡固定在后发区，和后发区的其他
　　　　　　发辫衔接到一起。

**STEP 15**　在后发区和顶发区的交界处佩戴饰品，进行点缀。造型完成。

## 造型提示

此款造型以上翻卷和三连
编编发的手法操作而成。要
注意刘海区的头发向后发
区翻卷的弧度，要松
紧适度。

**STEP 01**　将侧发区的头发以间隔编发的形式向后发区编发，注意每交叉一次就甩出一股头发。

**STEP 02**　将编发一直延伸至另一侧。

**STEP 03**　用发卡将交叉后的发尾固定。

**STEP 04**　将侧发区的头发以三带一的形式向后发区编发。

**STEP 05**　连接后发区的头发，一直编向一侧。

**STEP 06**　将编好的发辫用皮筋收尾。

**STEP 07**　用发卡将收尾之后的发辫固定，固定的时候把发尾藏进发辫里。

**STEP 08**　将另一侧的头发以三带一的形式向后发区编发。

**STEP 09**　连接后发区的头发编发，在编发的时候注意提拉头发，形成角度的变化。

**STEP 10**　将编好的发辫用皮筋固定，用发卡将发尾藏进头发里。

**STEP 11**　将剩余的头发用三股辫的形式编发。

**STEP 12**　将编好的头发用皮筋收尾。

**STEP 13**　用发卡将发辫固定，固定的时候注意将发尾藏到头发里。

**STEP 14**　在后发区和侧发区的交界处用蝴蝶饰品进行点缀。

**STEP 15**　在另一侧同样的位置继续用蝴蝶饰品进行点缀。造型完成。

## 造型提示

此款造型以间隔编发和三股辫编发的手法操作而成。注意后发区的轮廓饱满度，要边编发边调整编发的方向，这样才能呈现出饱满的感觉。

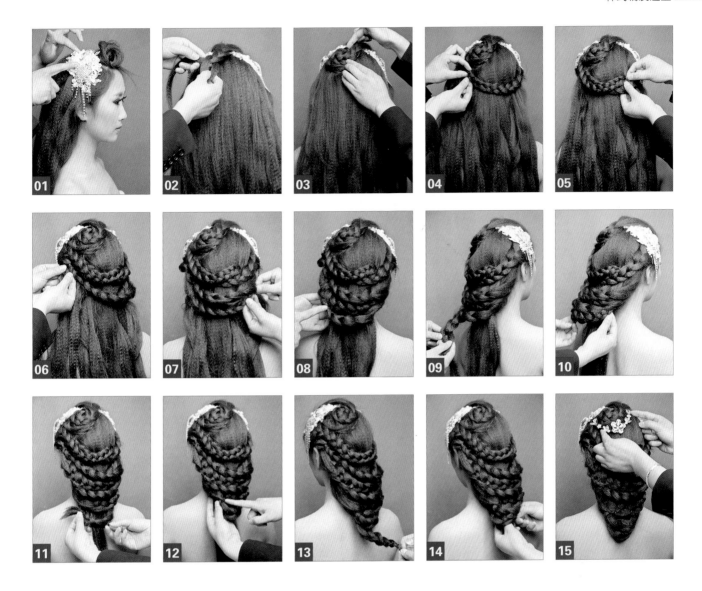

**STEP 01** 用玉米夹将头发处理蓬松，在顶发区固定饰品。

**STEP 02** 将刘海区的头发以三股辫的形式向后发区编发。

**STEP 03** 将编好的发辫用发卡固定在顶发区。

**STEP 04** 将侧发区的头发以三股辫的形式向后发区编发，固定在后发区中央，形成一个圆弧形的结构。

**STEP 05** 另外一侧以同样的形式操作，将发辫固定在后发区中央，形成一个圆弧形，和右侧的发辫衔接到一起。

**STEP 06** 继续取头发，进行三股辫编发，固定好后向发辫相反的方向提拉并固定。

**STEP 07** 将左侧的头发同样进行三股辫编发，向右侧提拉并固定，固定的时候将发尾藏好。

**STEP 08** 将后发区右侧的头发同样向左侧编发并固定。

**STEP 09** 将左侧剩余的头发以三股辫的形式编发。

**STEP 10** 将编好的发辫用发卡固定，将发尾藏到头发里。

**STEP 11** 将右侧的头发同样用三股辫的形式编发，用皮筋固定，并向相反的方向提拉。

**STEP 12** 用发卡将提拉向一侧的头发固定，固定的时候把发尾藏到头发里。

**STEP 13** 将剩余的一股头发以三股辫的形式收尾，将编好的头发用皮筋固定。

**STEP 14** 用发卡将最后一股发辫固定，固定的时候和上方的发辫形成衔接。

**STEP 15** 在顶发区发尾的边缘用饰品强调轮廓感。造型完成。

### 造型提示

此款造型以三股辫编发的手法操作而成。后发区的发辫之间要留出一定的距离，编发的同时要注意后发区轮廓感的塑造。

**STEP 01** 将所有头发用玉米夹处理蓬松，将顶发区的头发以四股辫的形式编发。

**STEP 02** 编至发尾，在编发时注意保持适当的蓬松度。

**STEP 03** 将编好的发辫用皮筋固定。

**STEP 04** 将刘海区的头发向侧发区以三带一的形式编发。

**STEP 05** 将侧发区的头发同样以三带一的形式编发。

**STEP 06** 将后发区的头发继续以三带一的形式编发。

**STEP 07** 另一侧以同样的形式编发。

**STEP 08** 将侧发区上方的发片同样以三带一的形式向后发区编发。

**STEP 09** 将侧发区的头发编至发尾，编发的时候注意外紧内松。

**STEP 10** 将所有的发辫编好以后，用皮筋固定。

**STEP 11** 将所有发辫的发尾收拢到一起，向内扭转。

**STEP 12** 在后发区发辫的位置佩戴饰品，进行点缀。

**STEP 13** 在侧发区外侧发辫的位置用插珠进行修饰。

**STEP 14** 在另一侧发辫的位置同样用插珠进行修饰。造型完成。

### 造型提示

此款发型以四股辫编发和三带一编发的手法操作而成。两侧的发辫可以编得适当紧实一些，这样可以有更好的支撑力，让造型呈现出更加立体的感觉。

**STEP 01**　用玉米夹将头发处理成蓬松状态，从侧发区以三连编的形式向后发区编发。

**STEP 02**　将编好的头发用皮筋固定住，然后向内侧扭转。将发辫用发卡固定，固定的时候注意发辫的弧度。

**STEP 03**　将顶发区的头发以三带一的形式编发，注意发辫不要过于松散。

**STEP 04**　继续连接后发区的头发，编至发尾。

**STEP 05**　将编好的发辫用皮筋收尾，向下扭转并固定，注意将发辫的发尾藏到头发里。

**STEP 06**　将侧发区的头发内侧倒梳，将表面梳光，向后发区梳理。

**STEP 07**　将梳理后的头发向后发区扭转并固定，注意和后发区的发辫衔接在一起。

**STEP 08**　将侧发区剩余的发尾继续扭转并固定，将固定的发尾藏进头发里。

**STEP 09**　用暗卡将几股头发连接到一起。

**STEP 10**　在侧发区和后发区的交界处佩戴造型花，进行点缀。

**STEP 11**　在另一侧刘海区和侧发区的交界处同样用造型花进行点缀。

**STEP 12**　在侧发区的位置用网眼纱进行修饰。

**STEP 13**　用网眼纱覆盖额头的部位，向一侧进行抓纱。

**STEP 14**　将网眼纱延伸至后发区收尾。

**STEP 15**　用发卡将网眼纱固定牢固。造型完成。

### 造型提示

此款造型以三连编编发和三带一编发的手法操作而成。打造此款造型的时候注意佩戴造型纱要呈现自然的对面部遮挡的状态，这样才能使造型的整体显得更加柔和。

**STEP 01**　将刘海区的头发内侧倒梳，将表面梳光后向顶发区梳理。

**STEP 02**　将刘海区的头发向内扭转。

**STEP 03**　用发卡将扭转后的头发固定，将剩余的头发用发卡暂时固定。

**STEP 04**　将侧发区的头发以三连编的形式向后发区编发。

**STEP 05**　编发时连接一侧发区的头发，注意保持适当的松散度。

**STEP 06**　编至发尾。

**STEP 07**　将发尾用皮筋固定后向内收起，用发卡固定。

**STEP 08**　将刘海区剩余的头发放下，以三带一的形式编发。

**STEP 09**　将发辫编至发尾，用皮筋固定，向上盘绕。

**STEP 10**　用发卡将发辫固定在脑后。

**STEP 11**　在后发区发辫的位置不规则地点缀插珠饰品，进行修饰。造型完成。

### 造型提示

此款发型以三连编编发和三带一编发的手法操作而成。打造此款造型的时候，后发区的编发要随着向下的走势呈现向内收紧的状态。

033

**STEP 01**  将刘海区的头发连接侧发区的头发，以三股辫的形式编发。

**STEP 02**  在编发的时候注意保持适当的松散度，编成弧形，用发卡将发辫固定。

**STEP 03**  将另一侧的头发以两股连编的方式操作。

**STEP 04**  将编好的发辫收尾，用发卡将其固定在后发区，和一侧的头发衔接在一起。

**STEP 05**  将后发区剩余的头发以四股辫的形式编发。

**STEP 06**  一直编至发尾，编发的时候注意保持适当的松散度。

**STEP 07**  将剩余的发片内侧倒梳，将表面梳光，向内扭转。

**STEP 08**  将扭转后的发片包裹住发辫，继续向内扭转。

**STEP 09**  将扭转后的头发用发卡固定在发辫内侧。

**STEP 10**  在后发区和顶发区的交界处佩戴造型花，进行点缀。

**STEP 11**  在造型花的一侧佩戴饰品，继续强调造型的轮廓。

**STEP 12**  用插珠强调造型边缘的轮廓。造型完成。

## 造型提示

此款发型以两股辫编发和
四股辫编发的手法操作而成。
后发区的编发要细密自然，
并且呈现自然向下收紧
的状态。

**STEP 01**　将头发用玉米夹处理蓬松，将后发区的头发以三带一的形式编发。

**STEP 02**　在编至一半的位置转换成添加右侧的头发，继续编发。

**STEP 03**　继续向下编发，再转换成左侧加发的方式，在结构上形成交叉错位。

**STEP 04**　编发时继续添加头发，向下延伸。

**STEP 05**　将发辫编至发尾的部分，用皮筋收尾，整体上形成两边带编发的效果。

**STEP 06**　将侧发区的头发以三带一的形式向后发区编发。

**STEP 07**　编发时连接后发区的头发，注意保持适当的松散度。

**STEP 08**　将刘海区的头发以三带一的形式编发。

**STEP 09**　将发辫编至发尾部分收尾，在编发的时候注意保持适当的松散度。

**STEP 10**　将发辫和后发区的头发用发卡衔接。

**STEP 11**　另一侧的头发以同样的方式操作。

**STEP 12**　将剩余的发尾向上提拉，扭转并固定，将发尾藏在头发里。

**STEP 13**　在顶发区和刘海区的交界处佩戴皇冠，进行点缀。造型完成。

## 造型提示

此款发型以三带一编发和两
边带编发的手法操作而成。刘
海区的编发要对额头进行适当
的修饰，同时顶发区要适当
隆起高度，利于佩戴
皇冠。

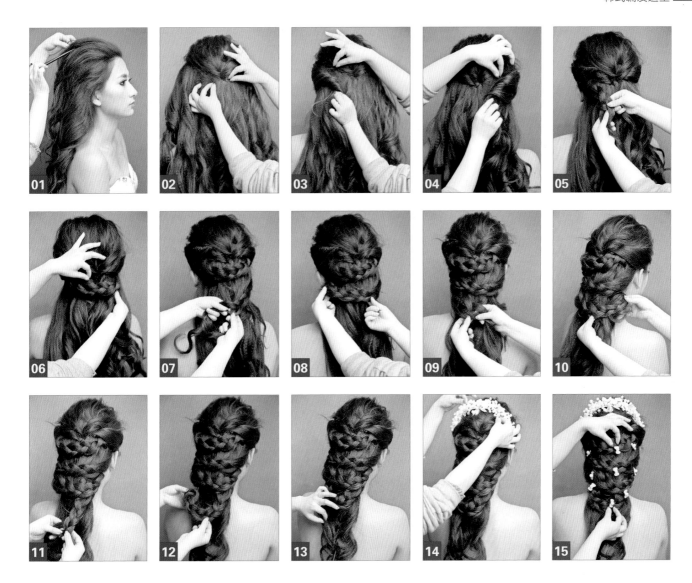

**STEP 01** 用尖尾梳倒梳刘海区的头发内侧，再以尖尾梳的尾端处理头发表面的纹理和层次。

**STEP 02** 将倒梳后的头发用发卡固定。

**STEP 03** 将侧发区的头发向后发区扭转。

**STEP 04** 将另一侧发区的头发内侧倒梳，将表面梳光后向后发区扭转并固定。

**STEP 05** 将后发区左侧的头发以三股辫的形式编发。

**STEP 06** 将编好的发辫用皮筋固定，向一侧提拉，用发卡固定。

**STEP 07** 将后发区右侧的头发以三股辫的形式编发，保持适当的松散度。

**STEP 08** 将编好的发辫向相反的方向提拉并扭转，用发卡固定。

**STEP 09** 将剩余的头发继续以三股辫的形式编发。

**STEP 10** 将编好的发辫继续向一侧提拉并扭转，用发卡固定。

**STEP 11** 将剩下的头发继续用三股辫的形式编发。

**STEP 12** 将编好的发辫向一侧提拉。

**STEP 13** 将编好的发辫用发卡固定，注意和上方的发辫形成衔接。

**STEP 14** 在顶发区和刘海区的交界处佩戴饰品，进行点缀。

**STEP 15** 在后发区的发辫处不规则地点缀插珠，强调后发区造型。造型完成。

## 造型提示

此款造型以倒梳和三股辫编发的手法操作而成。注意后发区的发辫与下垂的卷发之间的衔接，不要出现过于生硬的感觉，要自然。

**STEP 01** 用玉米夹将头发处理蓬松，将后发区的头发以四股辫的形式编发。
**STEP 02** 将发辫编至发尾，用皮筋固定。
**STEP 03** 将侧发区的发片内侧倒梳，将表面梳光后以尖尾梳为轴向内翻转打卷。
**STEP 04** 用发卡将打好的卷筒固定，将剩余的发尾继续扭转并打卷。
**STEP 05** 将最后剩余的发尾用发卡固定，藏进头发里。
**STEP 06** 将侧发区剩余的头发内侧倒梳，将表面梳光，继续向后发区扭转。
**STEP 07** 将扭转后的头发用发卡固定，将剩余的发尾继续向后发区扭转。
**STEP 08** 将发尾扭转并打卷，用发卡固定在发辫的位置上。
**STEP 09** 将另一侧的头发内侧倒梳，以尖尾梳为转轴向上翻转打卷。
**STEP 10** 将剩余的头发继续扭转并固定，将发尾扭转并打卷，用发卡固定。
**STEP 11** 将侧发区的最后一片头发倒梳，将表面梳光后以尖尾梳为轴向上翻转并固定。
**STEP 12** 将剩余的头发继续扭转并打卷，用发卡固定，注意和后发区的头发形成衔接。
**STEP 13** 将剩余的发尾继续扭转。
**STEP 14** 将发尾扭转出花形，用发卡固定。
**STEP 15** 在后发区用插珠不规则地进行点缀。造型完成。

### 造型提示

此款造型以四股辫编发和打卷的手法操作而成。刘海区及两侧发区的头发要呈现光滑饱满的感觉，尤其是刘海区的头发要伏贴。

**STEP 01** 用玉米夹将头发处理蓬松，从顶发区取发片，向下以三股辫的形式编发。

**STEP 02** 在编发过程中，每编几节就向两侧连接头发，使造型更具空间感。

**STEP 03** 继续连接两侧的头发。

**STEP 04** 将编发继续向下延伸，连接头发。

**STEP 05** 将头发一直延伸编至发尾。

**STEP 06** 将发辫用皮筋收尾，向内扭转，用发卡固定在头发内侧。

**STEP 07** 将侧发区的头发内侧倒梳，将表面梳光后向后发区梳理。

**STEP 08** 将梳理后的头发扭转并固定，将头发藏在后发区的头发内侧。

**STEP 09** 另一侧的头发按照同样的方式操作。

**STEP 10** 将头发扭转并固定，同样藏在后发区的头发内侧。

**STEP 11** 在顶发区佩戴饰品，进行点缀。

**STEP 12** 在后发区的发辫间不规则地点缀蝴蝶结饰品，修饰造型。造型完成。

### 造型提示

此款发型以三股辫编发的手法操作而成。在后发区编发的时候，两边带入的头发要松紧适中，使其形成整体的轮廓感。

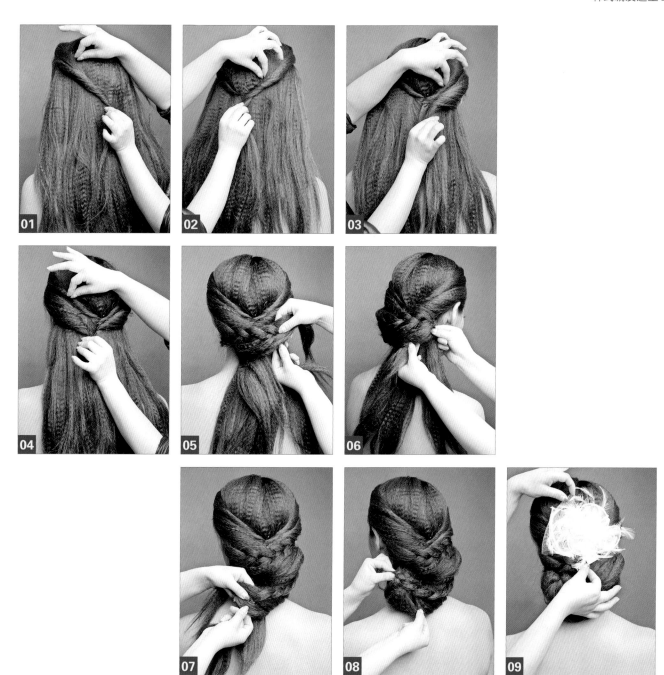

STEP 01  用玉米夹将头发处理蓬松，将侧发区的头发向后发区扭转。

STEP 02  将另一侧的头发同样向后发区扭转并固定。

STEP 03  将侧发区的头发内侧倒梳，将表面梳光，继续向后发区固定。

STEP 04  将另一侧发区的头发内侧倒梳，将表面梳光，向后发区扭转并固定。

STEP 05  将剩余的后发区的头发以三带一的形式编发。

STEP 06  将编好的发辫向内扭转，用发卡固定。

STEP 07  将剩余的头发向一侧以三带一的形式编发，注意保持适当的松散度。

STEP 08  将编好的发辫向后发区左侧提拉，扭转，用发卡固定。

STEP 09  在后发区和顶发区的交界处佩戴饰品，进行点缀。造型完成。

## 造型提示

此款发型以三带一编发的
手法操作而成。要根据后发
区底端的编发的方位调整编
发的角度，这样才能使整
体造型更加饱满。

**STEP 01**  用玉米夹将头发处理蓬松，将内侧倒梳，将表面梳光后向侧发区翻卷。

**STEP 02**  将翻卷后的头发用发卡固定。

**STEP 03**  用手调整发丝表面的层次和纹理。

**STEP 04**  将后发区的头发内侧倒梳，将表面梳光后继续向上翻卷，注意和侧发区的
头发形成衔接。

**STEP 05**  将翻卷后的头发用发卡固定，将剩余的头发内侧倒梳，将表面梳光后继续
向上翻卷。

**STEP 06**  将另一侧的头发以三连编的形式向后发区编发。

**STEP 07**  将编好的发辫收尾，用皮筋固定。

**STEP 08**  将剩余的头发以三带一的形式编发，在编发的时候注意保持适当的松散度。

**STEP 09**  将编好的发辫用皮筋固定好，向一侧提拉，扭转并固定。

**STEP 10**  在侧发区佩戴大小不同的蝴蝶结。

**STEP 11**  在另一侧发辫的位置同样用蝴蝶结进行点缀。造型完成。

## 造型提示

此款发型以三连编编发和上
翻卷的手法操作而成。刘海区
向上翻卷的头发与之后向上翻
卷的头发有连续性，注意翻
卷的弧度呈向下走的
趋势。

STEP 01    将顶发区的头发以三带一的形式向后发区连接编发。

STEP 02    将顶发区剩余的头发继续以三带一的形式编发。

STEP 03    将编好的发辫用皮筋固定。

STEP 04    将后发区剩余的头发内侧倒梳，向内扭转。

STEP 05    将后发区剩余的另一侧的头发内侧倒梳，将表面梳光，向内扭转并固定。

STEP 06    将侧发区的头发以三带一的形式向后发区编发。

STEP 07    将编好的发辫收尾。

STEP 08    将另一侧发区的头发同样以三带一的形式向后发区编发。

STEP 09    将编好的发辫向后发区提拉，扭转。

STEP 10    将扭转后的头发用发卡固定，将剩余的发尾向上扭转出层次。

STEP 11    继续将剩余的头发扭转。

STEP 12    将扭转后的头发用发卡固定，再次用手调整发丝的纹理。

STEP 13    将刘海区的头发内侧倒梳，将表面梳光后向后发区扭转。

STEP 14    在后发区佩戴饰品，进行点缀。造型完成。

## 造型提示

此款发型以三带一编发的
手法操作而成。后发区底端及
刘海区的头发都应呈现轻盈
感，要尽量避免将其固定
得过于生硬。

**STEP 01**　将刘海区的头发以三连编的形式连接侧发区的头发，向后发区编发。

**STEP 02**　继续添加后发区的头发，在编发时注意保持适当的松散度。

**STEP 03**　将编好的头发向后发区一侧提拉，继续连接头发编发。

**STEP 04**　将发辫连接另一侧的头发收尾。

**STEP 05**　用手将发辫拉得相对松散。

**STEP 06**　用皮筋将发辫收尾。

**STEP 07**　将发辫向前提拉，扭转。

**STEP 08**　将扭转后的发辫固定，在刘海区的分界线处佩戴饰品，修饰造型。

**STEP 09**　在后发区发辫的位置继续用蝴蝶结进行点缀。

**STEP 10**　在蝴蝶结的周围用插珠继续点缀造型。

**STEP 11**　在另一侧同样用饰品进行点缀。造型完成。

### 造型提示

此款发型以三连编编发的手法操作而成。蝴蝶结和插珠的佩戴应呈现穿插感，额头位置蝴蝶结的佩戴要比较伏贴。

**STEP 01** 将刘海区合并侧发区的头发，以三带二的方式编发。

**STEP 02** 继续向后连接后发区的头发，编发时需要使头发保持适当的松散度。

**STEP 03** 将发辫编至发尾，注意角度的变化，操作者的身体要不断移动。

**STEP 04** 将编好的发辫用皮筋固定。

**STEP 05** 另一侧发区采用同样的方式处理。

**STEP 06** 继续将后发区的头发添加进发辫里，编发时注意两边的对称性。

**STEP 07** 将编好的发辫同样用皮筋固定。

**STEP 08** 用皮筋将两股发辫连接到一起，将发尾藏进头发里。

**STEP 09** 在后发区一侧佩戴造型花，进行点缀。

**STEP 10** 在后发区继续点缀造型花。

**STEP 11** 在造型花之间点缀插珠，使造型的层次感更明显。造型完成。

### 造型提示

此款发型以三带二编发的手法操作而成。在编发的时候，靠近发尾的位置要编得紧一些，上松下紧的状态可以使造型层次感更丰富且轮廓感更好。

**STEP 01** 将侧发区的头发内侧倒梳，将表面梳光，向内扭转并固定。

**STEP 02** 将另一侧发区的头发以两股编发的方式编向右侧，扭转并固定。

**STEP 03** 将剩余的发尾用皮筋固定成一束。

**STEP 04** 将后发区一侧剩余的头发用三带一的形式编发。

**STEP 05** 继续编发，将马尾的头发分成多次添加进来。

**STEP 06** 编至发尾，使发辫的外轮廓形成一个弧形。

**STEP 07** 将编好的发辫用皮筋固定，用手整理发辫的松紧度。

**STEP 08** 将另一侧的头发以同样的方式操作。

**STEP 09** 将马尾剩余的头发添加进编发中。

**STEP 10** 编至发尾，检查两边的对称度，然后用手适当调整。

**STEP 11** 将编好的发辫用皮筋固定。

**STEP 12** 将固定好的发尾藏进头发里，用暗卡固定。

**STEP 13** 在后发区和顶发区的交界处佩戴饰品，进行点缀。造型完成。

## 造型提示

此款发型以三带一编发和两股辫
编发的手法操作而成。在后发区进
行三带一编发的时候，外轮廓边缘应
呈现紧实状态，靠里的位置应呈现松
散状态，这样编发的目的是使两个
发辫之间能够更好地衔接，
不至于有空隙感。

**STEP 01**　将一侧发区和后发区合并，用两根皮筋固定成两个马尾。

**STEP 02**　将合并的两股马尾以四股编发的形式连接到一起。

**STEP 03**　继续将两侧的头发添加进发辫中。

**STEP 04**　继续添加头发，靠下的位置可以适当编得紧一些。

**STEP 05**　编至发尾，使发辫适当保持紧实。

**STEP 06**　将编好的发辫用皮筋固定。

**STEP 07**　将发辫向内绕一圈，然后从两皮筋交界处穿过来。

**STEP 08**　用手整理穿出来的发辫。

**STEP 09**　将发辫向一侧扭转并固定，用手调整发辫的立体感和弧形。

**STEP 10**　在后发区皮筋固定的地方佩戴造型花，进行点缀。造型完成。

## 造型提示

此款发型以四股辫编发和扎马尾的手法操作而成。此款造型把头发分成两根马尾，再结合在一起编发，这样可以增加头发的层次感和体积感，使其在后发区更加饱满。

STEP 01　　将部分刘海区的头发和侧发区的头发用四股辫的形式编发。

STEP 02　　将发辫固定在后发区的底端位置。

STEP 03　　在发辫后方以三带一的形式编发。

STEP 04　　继续向前编发，盖住部分之前的发辫，边编发边带入侧发区的头发。

STEP 05　　在收尾的位置以三股辫的形式编发。

STEP 06　　将发辫提拉至耳后，在后发区底端将其固定。

STEP 07　　在耳后的位置取头发，以三带一的形式向右编发。

STEP 08　　注意编发的角度和弧度感，要保持一定的松散度。

STEP 09　　继续向下以三带一的形式编发。

STEP 10　　在后发区另外一侧取头发，以三带一的形式编发。

STEP 11　　在编发的时候要保持一定的松散度。

STEP 12　　将两侧的发辫在底端固定在一起，底部的收尾轮廓感要圆润。

STEP 13　　在一侧佩戴造型花，点缀造型，注意修饰发辫固定的位置。

STEP 14　　在另外一侧佩戴造型花，点缀造型。

### 造型提示

此款发型以四股辫编发和三带一编发的手法操作而成。要注意发辫的叠加和角度。尤其是刘海位置的发辫的叠加，编第二条发辫要比编第一条发辫留出更大的空间感。

［韩式盘卷造型］

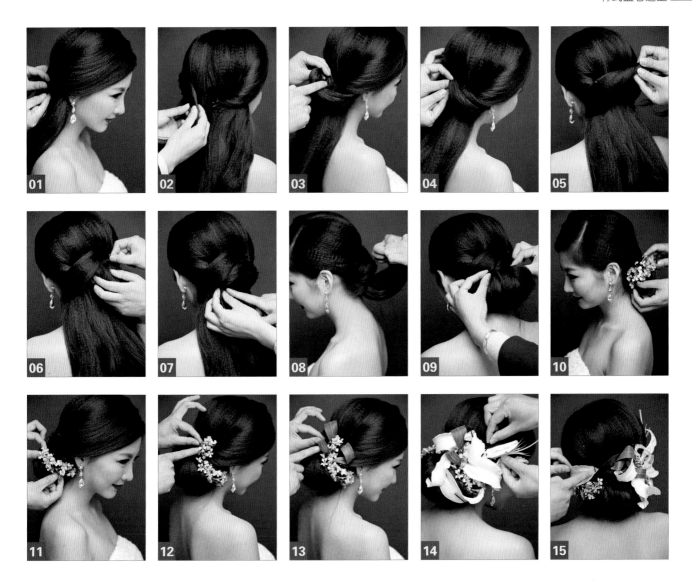

**STEP 01** 将侧发区的头发内侧倒梳，将表面梳光，向后发区扭转并固定。

**STEP 02** 将另一侧发区用同样的手法操作。

**STEP 03** 将后发区的头发向上提拉，翻转并打卷。

**STEP 04** 将打好的卷筒用发卡固定，注意发卡不要外露。

**STEP 05** 将后发区另一侧的头发按照同样的方式操作。

**STEP 06** 将扭转后的发片用发卡固定，和右侧的卷衔接。

**STEP 07** 将剩余的发尾继续向下扭转并固定，注意要将发卡藏到头发里。

**STEP 08** 将后发区剩余的头发内侧倒梳，将表面梳光，向上翻转打卷。

**STEP 09** 将卷筒用发卡固定，注意和上方的头发形成衔接。

**STEP 10** 在卷筒的一侧佩戴造型花，进行点缀。

**STEP 11** 在另一侧相同的位置同样用造型花修饰造型结构。

**STEP 12** 在后发区卷筒上方继续用造型花修饰。

**STEP 13** 在造型花的周围用叶子装点，使造型的层次更加饱满。

**STEP 14** 用百合花进行修饰，用发卡将百合花与头发衔接到一起。

**STEP 15** 另一侧同样用百合花的花瓣修饰造型的空隙处。造型完成。

### 造型提示

此款造型以打卷和上翻卷的
手法操作而成。注意两侧发区
的头发要伏贴干净。用百合花
的花瓣对造型的轮廓感进行
修饰，使造型更加饱满。

STEP 01　将所有头发用玉米夹处理蓬松，将顶发区的头发用皮筋固定成马尾状。

STEP 02　将后发区的头发一分为二，然后交叉，将其中的一片扭转并打卷，用发卡固定。

STEP 03　将剩余的一片头发同样采用扭转并打卷的方法固定。

STEP 04　用手整理卷筒的弧形轮廓。

STEP 05　将顶发区的马尾用尖尾梳倒梳后扭转。

STEP 06　将马尾扭转成球形。

STEP 07　将扭转后的马尾用发卡固定，注意发卡不要外露。

STEP 08　用手整理球形马尾表面的纹理和层次。

STEP 09　将刘海区的头发内侧倒梳，将表面梳光后向后扭转并固定。

STEP 10　将剩余的头发继续向后扭转，和后发区的头发衔接。

STEP 11　将剩余的发尾扭转并固定，和后发区的头发衔接。

STEP 12　用手调整发尾的纹理和层次。

STEP 13　用手将发尾向一侧扭转。

STEP 14　将扭转后的发尾用发卡固定。

STEP 15　在刘海区和侧发区的交界处佩戴造型花，在上方用造型纱再次修饰。造型完成。

## 造型提示

此款造型以抓纱和打卷的手法操作而成。在佩戴网眼纱的时候要固定自然，不要抓出过于死板的褶皱，这样会使造型看上去更加生动。

**STEP 01** 将所有头发用玉米夹处理蓬松，向后发区收拢。

**STEP 02** 将两侧发区的头发内侧倒梳，将表面梳光，扭转并固定，将头发用发卡衔接到一起。

**STEP 03** 将后发区两侧的头发向中央收拢，用发卡将两侧扭转后的头发衔接到一起。

**STEP 04** 取一股发片，扭转并打卷，固定在后发区的发片上。

**STEP 05** 继续取后发区左侧的头发，向一侧扭转并打卷。

**STEP 06** 将扭转后的卷筒用发卡固定牢固。

**STEP 07** 继续取后发区的发片，扭转并打卷。

**STEP 08** 将打卷的发片用发卡固定牢固，注意和上方的头发形成衔接。

**STEP 09** 继续提拉，扭转发片。

**STEP 10** 取后发区剩余的发片，向上提拉。

**STEP 11** 继续将剩余的头发打卷。

**STEP 12** 将打好的卷用发卡固定，注意和上方的卷筒衔接到一起。

**STEP 13** 将最后一片头发向上提拉，扭转，打卷并固定，用手调整头发的轮廓。

**STEP 14** 在顶发区佩戴皇冠。

**STEP 15** 在刘海区和侧发区的交界处佩戴玫瑰，进行修饰。在后发区的卷筒位置不规则地点缀插珠。造型完成。

### 造型提示

此款造型以打卷和玉米须夹烫的手法操作而成。注意花朵饰品与皇冠之间的衔接，不要让整个造型的前后饰品形成不连贯的感觉。

**STEP 01**　用玉米夹将所有头发处理蓬松，将后发区的头发用皮筋固定成一个低马尾。

**STEP 02**　将侧发区的头发内侧倒梳，将表面梳光，向后发区扭转并固定在马尾的下方。

**STEP 03**　将固定后的头发剩余的发尾扭转并打卷。

**STEP 04**　将打好的卷固定在马尾上，用暗卡固定。

**STEP 05**　同样将剩余一侧的头发内侧倒梳，将表面梳光，向后发区扭转并固定。

**STEP 06**　取马尾上的发片，扭转并打卷。

**STEP 07**　将打好的卷固定，固定时注意发卡不能外露。

**STEP 08**　将剩余的头发继续打卷并固定。

**STEP 09**　将打卷的头发向下扣转。

**STEP 10**　将扣转的头发用发卡固定，固定时发卡不要外露。

**STEP 11**　将剩余的头发继续向上翻转打卷并固定在侧发区的头发固定的位置。

**STEP 12**　将最后一片发片向下扣转打卷。

**STEP 13**　将扣转的卷筒用发卡固定，并用手整理卷筒的弧形轮廓。

**STEP 14**　在顶发区点缀不同颜色的造型花，进行修饰。

**STEP 15**　将另一侧同样点缀造型花，在结构上形成弧形。造型完成。

## 造型提示

此款造型以打卷和下扣卷
的手法操作而成。两侧发区
的头发要光滑伏贴并自然顺
向后发区，要注意后发区
的发卷的空间感。

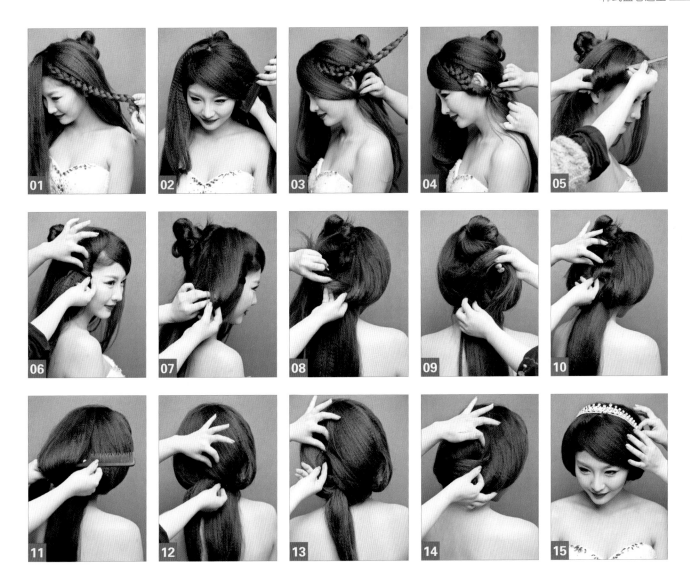

STEP 01　将刘海区的头发以三连编的形式向侧发区编发，编至发尾，用皮筋固定。

STEP 02　将刘海区的头发内侧倒梳，将表面梳光后向后拉伸。

STEP 03　将刘海区的头发向后扭转并固定在后发区。

STEP 04　将之前编好的发辫和发片进行交叉，用发卡将头发衔接到一起。

STEP 05　将另一侧刘海区的头发内侧倒梳，将表面梳光，以尖尾梳为轴向内扭转。

STEP 06　将扭转后的头发用发卡固定，固定的时候注意紧贴发根的位置。

STEP 07　继续将侧发区的头发内侧倒梳，将表面梳光后向内扭转。

STEP 08　将扭转后的发片覆盖第一股固定的头发，用发卡固定。

STEP 09　将另一侧的头发同样向后扭转并固定。

STEP 10　将剩余的发尾继续扭转并固定。

STEP 11　将顶发区的头发内侧倒梳，将表面梳光，以尖尾梳为轴向下扣转。

STEP 12　将扣转后的发片用发卡固定。

STEP 13　将剩余的发尾向上提拉，扭转并打卷。

STEP 14　将最后一片头发内侧倒梳后向上提拉，扭转，打卷并固定。

STEP 15　在顶发区佩戴饰品，进行点缀。造型完成。

## 造型提示

此款造型以三股辫编发和打卷的手法操作而成。在打造此款造型的时候，要注意两侧头发的轮廓饱满度，对不饱满的地方可以适当用尖尾梳的尖尾做出调整。

**STEP 01** 将所有头发用玉米夹处理蓬松，在前发区固定一根浅色的发箍。

**STEP 02** 将侧发区的头发内侧倒梳，将表面梳光，向内扭转并固定。

**STEP 03** 将另一侧的头发用同样的方式操作。

**STEP 04** 用暗卡将两边扭转后固定的头发衔接到一起。

**STEP 05** 取后发区的头发，向一侧扭转并打卷。

**STEP 06** 将扭转后的头发用发卡固定。

**STEP 07** 取左侧的头发，向右侧扭转，打卷并固定。

**STEP 08** 将扭转后的头发用发卡固定，固定的时候注意隐藏发卡。

**STEP 09** 继续取右侧发片，向左侧扭转并打卷。

**STEP 10** 将打卷后的头发用发卡固定。

**STEP 11** 继续将剩余的头发向一侧扭转并打卷。

**STEP 12** 继续将发片向相反的方向提拉，扭转，将打卷后的头发用发卡固定。

**STEP 13** 将最后一片发片内侧倒梳，将表面梳光，向内扭转，打卷并固定。

**STEP 14** 用暗卡将卷筒衔接到一起，使其在结构上更加紧凑。

**STEP 15** 在顶发区和后发区的交界处佩戴饰品，进行点缀。造型完成。

## 造型提示

此款造型以打卷的手法操作而成。注意后发区两边打卷的衔接度，整体造型要呈现上宽下窄的自然过渡弧度。

**STEP 01** 在前额的位置佩戴饰品，用发卡固定。

**STEP 02** 将侧发区的头发内侧倒梳，将表面梳光后向后发区扭转。

**STEP 03** 用发卡将扭转后的头发固定。

**STEP 04** 将另一侧的头发用同样的方式操作。

**STEP 05** 用发卡将顶发区的头发和发根衔接到一起。

**STEP 06** 将后发区的头发向上翻转打卷。

**STEP 07** 将剩下的头发继续向上翻转打卷。

**STEP 08** 将后发区右侧的头发内侧倒梳，将表面梳光，打卷并固定。

**STEP 09** 另一侧用同样的方式操作。

**STEP 10** 将剩余的发尾扭转并打卷。

**STEP 11** 将另一侧剩余的发尾用同样的方式操作。

**STEP 12** 将剩余的头发内侧倒梳，向一侧扭转并固定。

**STEP 13** 将剩余的发尾继续向上提拉并打卷，用发卡固定。

**STEP 14** 在后发区佩戴饰品，进行点缀。造型完成。

## 造型提示

此款发型以倒梳和打卷的
手法操作而成。刘海下方
的饰品要固定伏贴，并
且要将发卡隐藏好。

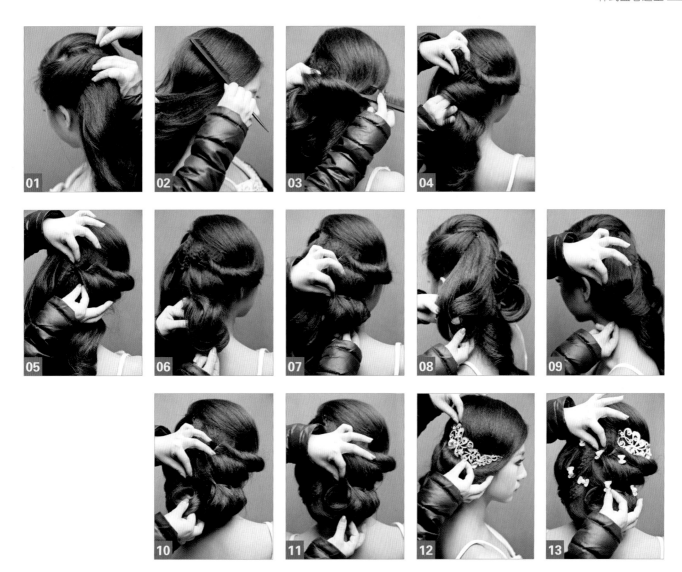

**STEP 01** 用玉米夹将头发处理蓬松，将侧发区的头发向后发区扭转并固定。

**STEP 02** 将刘海区的头发内侧倒梳，将表面梳光，用尖尾梳梳出表面的弧形。

**STEP 03** 梳理出刘海区的头发表面的弧形，以尖尾梳为轴向上翻卷并固定。

**STEP 04** 将后发区的头发内侧倒梳，将表面梳光后向内翻转打卷。

**STEP 05** 将翻转后的头发用发卡固定。

**STEP 06** 将后发区剩余的头发扭转。

**STEP 07** 将扭转后的卷筒向上翻转并固定。

**STEP 08** 将后发区另一侧的头发向内扣转打卷。

**STEP 09** 将扣转后的卷筒用发卡固定，注意发卡不要外露。

**STEP 10** 将剩余的头发向上提拉，扭转并打卷。

**STEP 11** 用发卡将打好的卷固定。

**STEP 12** 在刘海区和侧发区的交界处佩戴饰品，进行点缀。

**STEP 13** 在后发区不规则地点缀蝴蝶插珠，修饰后发区的层次。造型完成。

## 造型提示

此款发型以上翻卷和打卷的手法操作而成。注意刘海区的头发的饱满度，同时要呈现出自然的弧度。可以适当将发根倒梳，使其更加饱满。

**STEP 01**　用玉米夹将头发处理蓬松，将刘海区表面梳光。

**STEP 02**　将刘海区的头发向后发区扭转，用发卡固定。

**STEP 03**　将另一侧发区的头发同样向后发区扭转并固定。

**STEP 04**　固定的时候用暗卡将两侧的头发衔接到一起。

**STEP 05**　将剩余的头发内侧倒梳，将表面梳光，以尖尾梳为轴向上翻转打卷。

**STEP 06**　将后发区一侧的头发以尖尾梳为轴向内翻转，打卷并固定，固定的时候和另一侧卷筒在结构上形成交叉 。

**STEP 07**　将剩余的头发内侧倒梳，将表面梳光，向上翻转，继续打卷。

**STEP 08**　将打好的卷筒用发卡固定。

**STEP 09**　将固定后的发尾的内侧倒梳，将表面梳光，继续向一侧翻转打卷。

**STEP 10**　用发卡将打好的卷固定，固定的时候注意卷筒和卷筒间要形成衔接。

**STEP 11**　将剩余的发尾继续扭转并打卷。

**STEP 12**　用发卡将扭转后的头发固定。

**STEP 13**　在侧发区和后发区衔接的位置佩戴造型花，进行点缀。在卷筒的缝隙间不规则地点缀造型花。

**STEP 14**　在顶发区固定发箍，使造型的层次更加丰富和饱满。

**STEP 15**　在后发区不规则地点缀插珠，使造型更加饱满。造型完成。

## 造型提示

此款造型以倒梳和打卷的手法操作而成。后发区的打卷要比较紧实，同时注意对轮廓感的塑造。

STEP 01　将头发用卷棒烫卷，将侧发区的头发向后发区扭转并固定。

STEP 02　将另外一侧发区的头发以同样的方式操作。

STEP 03　用发卡将两侧发区的头发衔接到一起。

STEP 04　取后发区剩余的头发，向一侧扭转并打卷。

STEP 05　将扭转后的卷筒用发卡固定，注意发卡不要外露。

STEP 06　将固定的头发的剩余发尾扭转出层次和纹理并固定。

STEP 07　将剩余的头发继续扭转并打卷。

STEP 08　将打好的卷用发卡固定牢固。

STEP 09　将剩余的头发继续向上提拉，扭转并打卷。

STEP 10　用发卡将扭转后的卷筒固定。

STEP 11　在后发区和顶发区的交界处佩戴造型花，进行点缀。

STEP 12　在刘海区和侧发区的交界处佩戴造型花，修饰造型饱满度。在造型花的表
　　　　　面固定网眼纱。

STEP 13　将网眼纱覆盖刘海区的头发。

STEP 14　将网眼纱固定在后发区，和造型花衔接在一起。

STEP 15　在前额网眼纱的表面继续点缀造型花。造型完成。

### 造型提示

此款造型以打卷和抓纱的手法操作而成。注意网眼纱要对额头位置形成一定的遮挡，造型花的佩戴使造型更具有层次感。

**STEP 01** 用玉米须将所有头发处理蓬松，将后发区的头发以三股辫的形式编发。

**STEP 02** 将顶发区的头发内侧倒梳，将表面梳光，向内扭转并固定，将发尾甩出留用。

**STEP 03** 将顶发区的头发剩余的发尾向一侧提拉，扭转并固定。

**STEP 04** 将后发区的头发扭转并打卷，固定在发辫上。

**STEP 05** 将侧发区的头发表面梳光，向后扭转并固定。

**STEP 06** 将另一侧发区以同样的方式操作，使后发区的卷筒在结构上形成交叉。

**STEP 07** 继续取后发区的头发，翻转并固定。

**STEP 08** 继续将后发区左侧的头发翻转并固定。

**STEP 09** 将最下端的头发收尾，注意整个造型的轮廓是自上而下由宽到窄的渐变。

**STEP 10** 将剩余的发尾继续扭转出弧形，用发卡固定。

**STEP 11** 将刘海区的头发内侧倒梳，将表面梳光，向后翻转并固定。

**STEP 12** 将刘海区剩余的发尾继续扭转并打卷。

**STEP 13** 将另一侧的头发内侧倒梳，将表面梳光后向后扭转，用发卡固定。

**STEP 14** 将剩余发尾和顶发区的头发衔接。

**STEP 15** 在顶发区佩戴皇冠，进行点缀。造型完成。

## 造型提示

此款造型以三股辫编发和打
卷的手法操作而成。后发区的
造型结构之间要保留一定的空
间感，这样可以使整体造
型显得更加立体。

**STEP 01** 将刘海区的头发内侧倒梳，将表面梳光，以尖尾梳为轴推出弧形轮廓。

**STEP 02** 将推好的弧形用暗卡固定，将剩余的发尾向后扭转并固定。

**STEP 03** 继续将侧发区的头发内侧倒梳，将表面梳光，向后发区扭转并固定。

**STEP 04** 将后发区的头发内侧倒梳，将表面梳光，向内扭转并固定。

**STEP 05** 将另一侧发区的头发内侧倒梳，向后发区扭转。

**STEP 06** 将后发区左侧的头发内侧倒梳，将表面梳光，向内扭转并固定。

**STEP 07** 用发卡将后发区两侧扭转的头发衔接固定到一起。

**STEP 08** 将剩余的头发表面梳光后向上翻转打卷，遮盖住发卡衔接的位置。

**STEP 09** 用发卡将打好的卷固定，将另一侧的头发以同样的方式处理。

**STEP 10** 将扭转好的卷筒用发卡固定，和另一侧的卷筒衔接到一起。

**STEP 11** 将剩余的头发继续扭转，打卷并固定，和上方的头发衔接到一起。

**STEP 12** 继续将剩余的头发倒梳，将表面梳光，向上翻转打卷。

**STEP 13** 将剩余的发尾继续扭转并打卷，打卷的时候注意结构的弧度。

**STEP 14** 将剩余的最后一股头发扭转并打卷，用发卡将打好的卷固定。

**STEP 15** 佩戴饰品，点缀造型。造型完成。

### 造型提示

此款造型以上翻卷和打卷的手法操作而成。注意刘海区立体翻卷的弧度感，可适当用尖尾梳将刘海区的发根倒梳，这样可以使刘海区的头发更加立体。

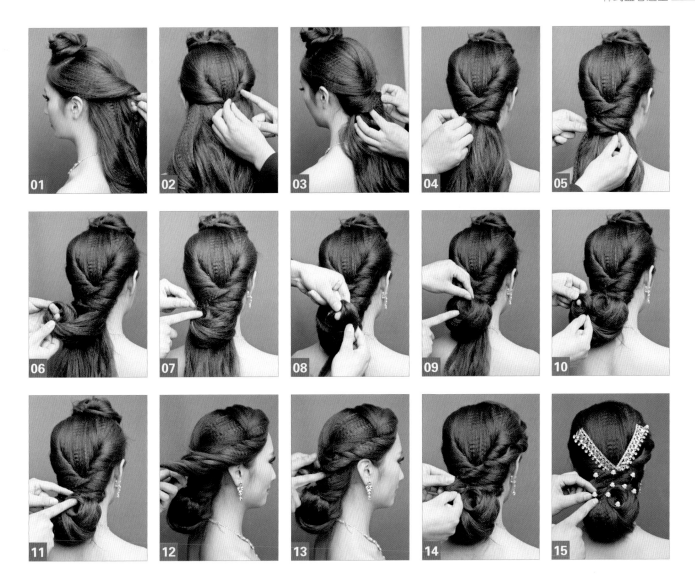

**STEP 01** 用玉米夹将头发处理蓬松，将侧发区的头发内侧倒梳，将表面梳光后向后扭转。

**STEP 02** 另外一侧以同样的方式操作。

**STEP 03** 将后发区的头发内侧倒梳，将表面梳光后向一侧扭转。

**STEP 04** 同样将另外一侧的头发内侧倒梳，将表面梳光，向左侧扭转并固定。

**STEP 05** 将剩余的头发继续向一侧扭转并固定。

**STEP 06** 将后发区剩余的头发向上提拉，扭转并打卷。

**STEP 07** 将扭转后的卷筒用发卡固定，固定的时候注意发卡不要外露。

**STEP 08** 将剩余的头发向右侧扭转并打卷。

**STEP 09** 将扭转后的卷筒用发卡固定，注意隐藏发卡。

**STEP 10** 将剩余的最后一股头发向一侧提拉，扭转并打卷。

**STEP 11** 将扭转后的卷筒用发卡固定，和上方的头发形成衔接。

**STEP 12** 将刘海区的头发分成两股，向后发区交叉扭转。

**STEP 13** 将扭转后的头发用发卡固定，与后发区的头发衔接。

**STEP 14** 将剩余的发尾继续扭转并打卷。

**STEP 15** 在后发区和顶发区的交界处佩戴饰品，在后发区的卷筒位置用插珠点缀。造型完成。

## 造型提示

此款造型以倒梳和打卷的
手法操作而成。造型在后发区
呈现倒 8 字形，注意上、下结
构之间不要出现生硬的衔
接，要圆润地过渡。

**STEP 01**　用玉米夹将头发处理蓬松，用尖尾梳将头发向后梳理。

**STEP 02**　将头发向后梳理，用皮筋固定成一个较低的马尾。

**STEP 03**　在皮筋和头发的结合处佩戴花材，对皮筋进行有效的遮挡。

**STEP 04**　取马尾中的一股头发，向上提拉，扭转并打卷。

**STEP 05**　将扭转后的卷筒用发卡固定。

**STEP 06**　继续提拉发片，将其倒梳。

**STEP 07**　将倒梳后的头发表面梳光后向上提拉，翻转并打卷。

**STEP 08**　将翻转后的卷筒用发卡固定，注意和第一个卷筒间形成衔接。

**STEP 09**　将剩余的头发进行高角度提拉，将内侧倒梳。

**STEP 10**　将倒梳后的头发表面梳光，向上翻转并打卷。

**STEP 11**　将打好的卷用发卡固定，固定的时候注意卷筒的弧度。

**STEP 12**　在卷筒的外轮廓用造型花继续修饰。造型完成。

### 造型提示

此款发型以扎马尾和打
卷的手法操作而成。头发
要梳理得光滑干净，后
发区的发包要饱满。

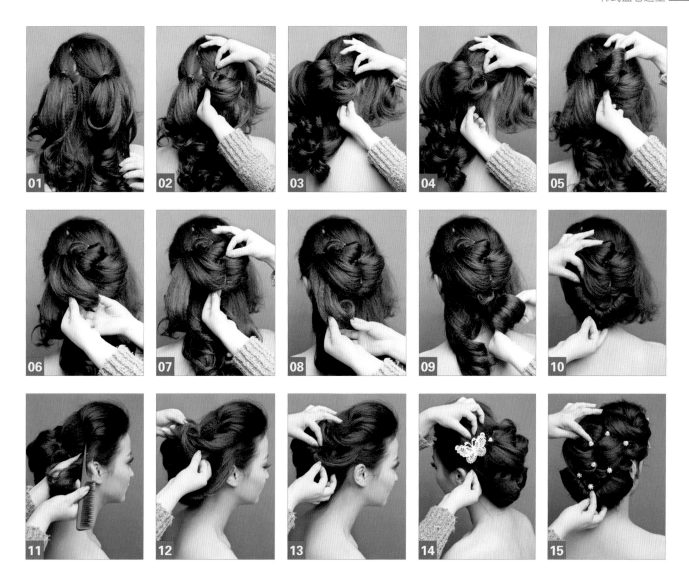

**STEP 01**　用玉米夹将头发处理蓬松，将顶发区的头发扎成两个不均等的马尾。

**STEP 02**　将其中一条马尾的头发表面梳光，向内扭转，打卷并固定。

**STEP 03**　将打卷后剩余的发尾继续扭转并打卷，固定在后发区和侧发区的交界处。

**STEP 04**　用暗卡将卷筒和头发衔接。

**STEP 05**　取另外一条马尾的头发，向上提拉并打卷。

**STEP 06**　将剩余的头发继续向下扣转并打卷。

**STEP 07**　用发卡将扣转后的卷筒固定，和一侧的卷筒形成衔接。

**STEP 08**　将马尾剩余的发片向下扭转并打卷。

**STEP 09**　将后发区剩余的头发表面梳光后向上提拉，翻转并打卷。

**STEP 10**　将另一侧的头发以同样的方式操作，向上提拉，翻转并固定。

**STEP 11**　将刘海区的头发内侧倒梳，以尖尾梳为轴向后扭转。

**STEP 12**　将刘海区固定后剩余的发尾继续向后扭转。

**STEP 13**　将扭转后的头发固定，固定的时候注意和后发区的头发衔接到一起。

**STEP 14**　在刘海区和侧发区的交界处用饰品点缀，在另一侧同样点缀蕾丝蝴蝶结。

**STEP 15**　在后发区卷筒的交界处用插珠不规则地进行点缀。造型完成。

## 造型提示

此款造型以扎马尾和打卷的
手法操作而成。不要将刘海区
隆起的头发梳理得过于光滑，
而是要呈现出一些层次感，
这样会使新娘看上去更
加年轻。

STEP 01    将刘海区的头发向前扭转并打卷，摆放在刘海区和侧发区的交界处。

STEP 02    将做好的卷筒用发卡固定，在卷筒的下方继续取发片，扭转并打卷。

STEP 03    将扭转后的卷筒用发卡固定在侧发区的位置。

STEP 04    继续取顶发区的头发，向一侧提拉，扭转并打卷。

STEP 05    用发卡将打好的卷固定，固定的时候注意和侧发区的卷筒形成衔接。

STEP 06    将侧发区剩余的头发向后发区扭转，用发卡固定。将另一侧发区的头发同样向后发区扭转并固定，用暗卡将两股
           头发衔接到一起。

STEP 07    将后发区剩余的头发向上提拉并翻转。

STEP 08    将另外一侧的头发用同样的方式操作。

STEP 09    继续将剩余的头发向相反的方向提拉，扭转。

STEP 10    将扭转后的头发用发卡固定。

STEP 11    将左侧的头发内侧倒梳，向右侧提拉，扭转并固定。

STEP 12    将最后一片头发表面梳光，向上提拉，翻转打卷并固定。

STEP 13    用暗卡将发片相互衔接。

STEP 14    在顶发区和后发区的交界处固定网纱。

STEP 15    在网纱的表面佩戴饰品，进行点缀。造型完成。

### 造型提示

此款造型以打卷的手法操
作而成。刘海区的发卷要隆
起立体感，并且要将固定
的发卡隐藏好。

**STEP 01** 用玉米夹将头发处理蓬松，再用电卷棒将发梢烫卷。
**STEP 02** 将侧发区的头发内侧倒梳，向后发区扭转。
**STEP 03** 将另一侧发区的头发以同样的方式操作。
**STEP 04** 将后发区的头发继续向中间扭转并固定。
**STEP 05** 将后发区另一侧的头发内侧倒梳，将表面梳光，向内扣转并固定。
**STEP 06** 将后发区剩余的一片发片内侧倒梳，将表面梳光，向上翻转。
**STEP 07** 将翻转后的卷筒用发卡固定，使其和上方的卷筒形成衔接。
**STEP 08** 将刘海区的头发内侧倒梳，将表面梳光，向侧发区梳出弧度。
**STEP 09** 将刘海区的头发向后发区扭转。
**STEP 10** 将扭转后的头发用发卡固定，和后发区的头发衔接在一起。
**STEP 11** 在刘海区佩戴饰品，进行点缀。
**STEP 12** 在后发区卷筒交界处不规则地点缀饰品。造型完成。

## 造型提示

此款发型以电卷棒烫发和打卷的手法操作而成。两侧要用电卷棒将头发烫出自然弯度，不要将发卷烫得过于生硬、死板。

STEP 01    将头发用玉米夹处理蓬松，将侧发区的头发向后发区扭转。

STEP 02    将后发区的发片内侧倒梳，将表面梳光后向一侧扭转。

STEP 03    将另外一侧的头发内侧倒梳，向后发区扭转并固定。

STEP 04    在两侧头发衔接处佩戴造型花。

STEP 05    继续将后发区剩余的头发表面梳光向一侧扭转。

STEP 06    将扭转后的发片用发卡固定，将左侧发区的头发表面梳光，向一侧扭转。

STEP 07    用发卡将扭转后的头发固定，注意发片在结构上形成交叉的轮廓。

STEP 08    将剩余的头发向上提拉，扭转并打卷。

STEP 09    用发卡将扭转后的卷筒固定，继续将剩余的头发打卷。

STEP 10    用发卡将扭转好的卷筒固定，和第一个卷筒衔接在一起。

STEP 11    在卷筒表面佩戴造型花，使造型花衔接在一起。

STEP 12    继续将剩余的头发内侧倒梳，向上翻转。

STEP 13    用发卡将翻转后的头发固定。

STEP 14    继续将剩余的头发扭转并打卷，打卷的时候注意轮廓的弧度。用发卡将扭
           转后的卷筒与上方的卷筒衔接在一起。

STEP 15    在造型花的周围用插珠来进行点缀。造型完成。

### 造型提示

此款造型以打卷的手法操
作而成。后发区的打卷要给
花材饰品留出一定的空间
感，这样可以使造型更
加立体。

STEP 01　将头发中分，用发卡将侧发区的头发固定在耳后的位置。

STEP 02　另一侧以同样的方式操作。

STEP 03　将固定后剩余的头发向后发区扭转，用发卡固定。

STEP 04　将另一侧的头发同样向后发区扭转并固定。

STEP 05　用暗卡将两股头发衔接。

STEP 06　用网眼纱覆盖住前发区的头发。

STEP 07　将网眼纱用发卡固定。

STEP 08　将剩余的头发表面梳光后向上提拉，翻转，打卷并固定。

STEP 09　将后发区剩余的头发继续向一侧提拉。

STEP 10　将后发区左侧的头发内侧倒梳，将表面梳光，向上翻转打卷。

STEP 11　将剩余的发尾继续扭转并打卷。

STEP 12　用发卡将扭转后的卷筒固定。

STEP 13　继续将剩余的头发内侧倒梳，向上提拉，翻转并打卷。

STEP 14　将剩余的头发向上扭转，打卷并固定。

STEP 15　在后发区网眼纱和卷筒衔接的地方佩戴饰品；在卷筒的位置佩戴蕾丝蝴蝶。
　　　　造型完成。

### 造型提示

此款造型以打卷的手法操作而成。此款造型所运用的饰品比较多，注意把握饰品之间的层次感，不要出现堆砌的感觉。

**STEP 01**　用大号电卷棒将刘海区的头发烫卷。

**STEP 02**　将侧发区的头发向后发区翻卷并固定。

**STEP 03**　将另一侧的头发同样向后发区扭转并固定。

**STEP 04**　将两侧固定好的头发用发卡衔接在一起。

**STEP 05**　将剩余的头发表面梳光后向上翻转打卷。

**STEP 06**　将翻卷后的卷筒用发卡固定，固定的时候注意和两侧的头发衔接在一起。

**STEP 07**　将刘海区的头发向后发区扭转。

**STEP 08**　将扭转后的头发用发卡固定，固定的时候注意和后发区的头发形成衔接。

**STEP 09**　用暗卡将头发和卷筒衔接。

**STEP 10**　在卷筒和侧发区头发的衔接处佩戴饰品，进行点缀。造型完成。

### 造型提示

此款发型以上翻卷和打卷的
手法操作而成。两侧头发在后
发区的固定要牢固，因为这决
定了之后向上翻卷的卷筒
是否能固定牢固。

STEP 01　用玉米夹将头发处理蓬松，用大号电卷棒将发梢的部分进行烫卷处理。

STEP 02　用尖尾梳整理刘海区的头发表面的纹理和层次，向后梳理。

STEP 03　将一侧发区的头发高角度提拉，将内侧倒梳，制造蓬松度和饱满度。

STEP 04　将倒梳后的头发用发卡固定。

STEP 05　将侧发区的头发表面梳光，向后发区翻转，打卷并固定。

STEP 06　另一侧用同样的方式操作。

STEP 07　将扭转后的头发固定，注意和另一侧固定的头发形成衔接。

STEP 08　将后发区剩余的头发表面梳光，向内翻转并固定。

STEP 09　用发卡将翻转后的头发固定。

STEP 10　将剩余的头发内侧倒梳，翻转打卷。

STEP 11　将剩余的头发表面梳光，向上翻转打卷。

STEP 12　将翻转后的卷筒固定，注意和侧发区固定的头发形成衔接。

STEP 13　在后发区的卷筒衔接处佩戴饰品，进行点缀。

STEP 14　在饰品的上方佩戴插珠，修饰造型的轮廓。造型完成。

### 造型提示

此款发型以倒梳和电卷棒烫发的手法操作而成。留出的多条卷发应从多点自然地散落，发量要适中，不要出现过于沉重的感觉。

**STEP 01**　将头发用玉米夹处理蓬松，将侧发区的头发向后发区扭转。

**STEP 02**　将另一侧发区的头发以同样的方式向后发区扭转。

**STEP 03**　用发卡将两侧发区的头发固定。

**STEP 04**　在刘海区和侧发区的交界处佩戴饰品。

**STEP 05**　将后发区剩余的头发向上提拉，翻转，打卷并固定。

**STEP 06**　将剩余的头发向上翻转，打卷并固定。

**STEP 07**　将剩余的发片以鱼骨辫的形式编发，注意保持适当的松散度。

**STEP 08**　将编好的发辫向上翻转，打卷并固定，注意和两侧的卷筒形成衔接。造型完成。

### 造型提示

此款发型以鱼骨辫编发和打卷的手法操作而成。在做后发区的打卷的时候，要从正面观察造型的轮廓感，通过观察做出具体的调整。

**STEP 01**　将侧发区的头发以两股辫的形式向后发区编发。

**STEP 02**　将编好的头发用发卡固定在后发区一侧的位置。

**STEP 03**　将另一侧发区的头发向内扭转，覆盖之前两股辫的交界处。

**STEP 04**　将侧发区剩余的头发继续向内扭转并固定。

**STEP 05**　用发卡将两侧发区的头发衔接在一起。

**STEP 06**　将后发区剩余的头发倒梳，制造蓬松感和衔接度。

**STEP 07**　将倒梳后的头发表面梳光，向上翻转打卷。

**STEP 08**　将翻转后的卷筒固定，将剩余的头发继续向一侧提拉，扭转并打卷。

**STEP 09**　将剩余的发片继续向一侧提拉，扭转并打卷，注意和其他的卷筒衔接。

**STEP 10**　在后发区用珠链饰品进行点缀。

**STEP 11**　将饰品延伸至刘海区，将其固定的点藏到头发里。

**STEP 12**　在饰品和头发的交界处用蝴蝶结进行遮挡。造型完成。

## 造型提示

此款发型以两股辫编发和上翻卷的手法操作而成。额头位置蝴蝶饰品的佩戴是为了修饰珠链饰品留下的瑕疵。这是一种常用的饰品佩戴方式。

**STEP 01**　将刘海区的头发高角度提拉，将内侧倒梳。

**STEP 02**　将刘海区的头发倒梳完毕，将表面用尖尾梳梳理光滑。

**STEP 03**　将刘海区的头发以尖尾梳为轴向上翻转打卷。

**STEP 04**　将侧发区的头发向上提拉，以尖尾梳为轴翻转打卷并固定。

**STEP 05**　将侧发区剩余的头发以尖尾梳为轴翻转打卷。

**STEP 06**　将另一侧的头发向内扭转并固定。

**STEP 07**　将后发区的头发内侧倒梳，将表面梳光，向内扭转，用发卡固定。

**STEP 08**　将后发区剩余的头发内侧倒梳，将表面梳光，向内翻转打卷并固定。

**STEP 09**　将剩余的头发内侧倒梳后向上提拉，扭转。

**STEP 10**　将扭转后的头发固定，用手整理发尾的纹理和层次。

**STEP 11**　在顶发区和后发区的交界处佩戴饰品，进行点缀。造型完成。

## 造型提示

此款发型以上翻卷和打卷的
手法操作而成。注意刘海区头
发的翻卷弧度，要用手适当对
其角度做出调整，使其轮
廓更加圆润饱满。

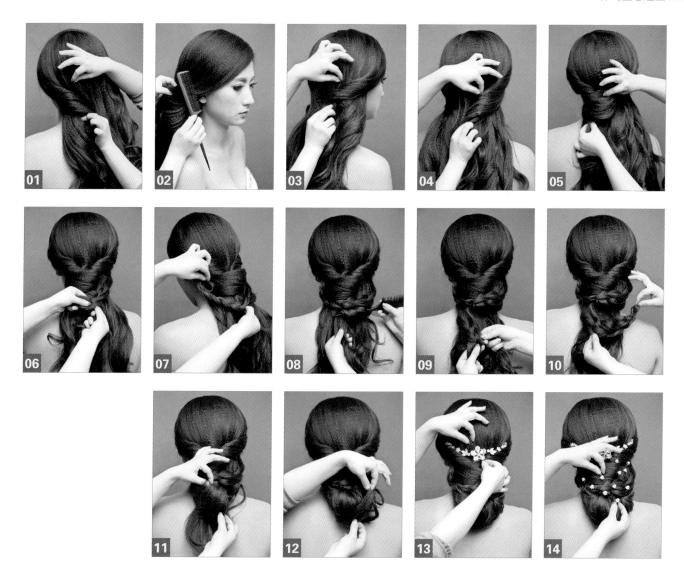

STEP 01　将侧发区的头发向后发区翻卷，在后发区固定。

STEP 02　将刘海区的头发向侧发区梳理，将表面梳理得光滑干净。

STEP 03　将梳理后的头发向后发区翻卷并固定。

STEP 04　将侧发区的头发继续向后发区翻卷，注意和刘海区的头发形成衔接。

STEP 05　取后发区剩余头发中的一片，向内扭转，打卷并固定。

STEP 06　将后发区一侧的头发以三股辫的形式编发。

STEP 07　将编好的发辫向一侧提拉，扭转并固定。

STEP 08　将后发区剩余的头发以尖尾梳为轴向上翻转。

STEP 09　将剩余的头发以三股辫的形式编发，注意保持适当的松散度。

STEP 10　将编好的头发向一侧提拉。

STEP 11　将剩余的头发向上提拉，翻转，打卷并固定。

STEP 12　将剩余的头发继续向上提拉，翻转并固定。

STEP 13　在顶发区和后发区的交界处用饰品进行点缀。

STEP 14　在后发区的发辫和卷筒的衔接处用插珠进行点缀。造型完成。

## 造型提示

此款发型以三股辫编发和
打卷的手法操作而成。注意
后发区的头发要打卷得紧
实而有层次，不要凌乱。

**STEP 01**　将刘海区的头发以尖尾梳为轴向下扣转并固定。

**STEP 02**　从顶发区取发片，以尖尾梳为轴向下扣转打卷并固定。

**STEP 03**　将侧发区的头发内侧倒梳，向后发区扭转并固定。

**STEP 04**　将侧发区的头发内侧倒梳，制造蓬松感并增加发量，将表面梳光，以尖尾梳为轴向下扣转并固定。

**STEP 05**　将剩余的发尾继续向后发区扭转并固定。

**STEP 06**　将剩余的发尾继续向内扭转并固定。

**STEP 07**　将剩余的头发向内翻卷并固定。

**STEP 08**　将后发区另外一侧的头发向上翻卷并固定。

**STEP 09**　继续从后发区底端取头发，向上翻卷并固定。

**STEP 10**　将剩余的部分头发斜向上提拉，翻转打卷并固定。

**STEP 11**　继续将剩余的部分头发斜向上翻转打卷。

**STEP 12**　将打卷之后剩余的发尾继续斜向上打卷并固定。

**STEP 13**　将剩余的部分头发向上提拉，打卷并固定。

**STEP 14**　将剩余的头发向上提拉，打卷并固定。

**STEP 15**　在后发区卷筒的位置佩戴饰品，在侧发区和后发区的交界处用蝴蝶饰品进行点缀。造型完成。

## 造型提示

此款造型以下扣卷和打卷的手法操作而成。将刘海区的头发做下扣卷造型的时候，可以用尖尾梳使其呈现出一定的饱满度。

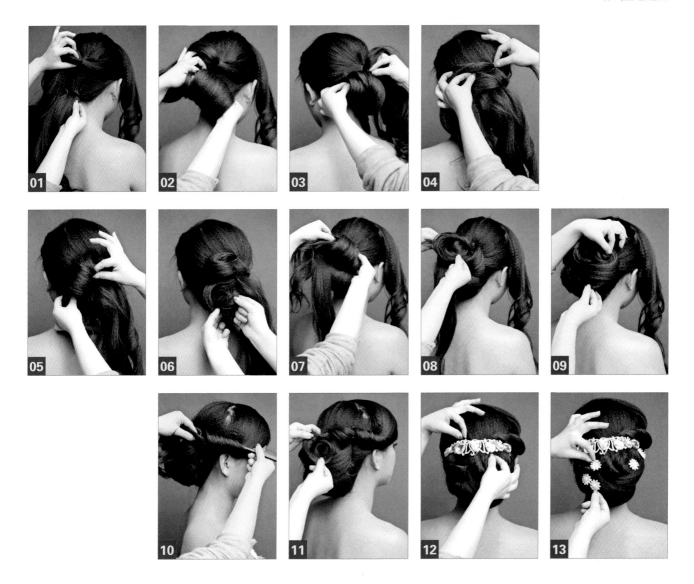

**STEP 01**　将顶发区、两侧发区及部分后发区的头发扎成一条马尾，将后发区剩余的头发在后发区底端扎成一条马尾。

**STEP 02**　将底端马尾的头发表面梳光，向上翻转打卷并固定。

**STEP 03**　用手调整卷筒的轮廓和饱满度，进行细致的固定。

**STEP 04**　从第一条马尾中分出部分头发，向上固定。

**STEP 05**　将固定后的头发的表面梳光，斜向下打卷。

**STEP 06**　将剩余的头发的发尾继续扭转，打卷并固定。

**STEP 07**　将剩余的头发继续将内侧倒梳，将表面梳光，向上翻转打卷并固定。

**STEP 08**　将发尾继续打卷并固定。

**STEP 09**　将剩余的头发向内打卷，包裹住卷筒的位置，形成造型的外轮廓。

**STEP 10**　将刘海区的头发以尖尾梳为轴向上翻转打卷并固定。

**STEP 11**　将打好的卷用发卡固定，将剩余的发尾继续向后发区打卷。

**STEP 12**　在后发区和顶发区的交界处佩戴饰品，进行点缀。

**STEP 13**　在后发区卷筒的位置不规则地用插珠进行点缀。造型完成。

### 造型提示

此款发型以扎马尾和上翻卷的手法操作而成。注意后发区打卷塑造的整体轮廓感，尤其是下方的结构要处理好，这是使造型饱满的关键部分。

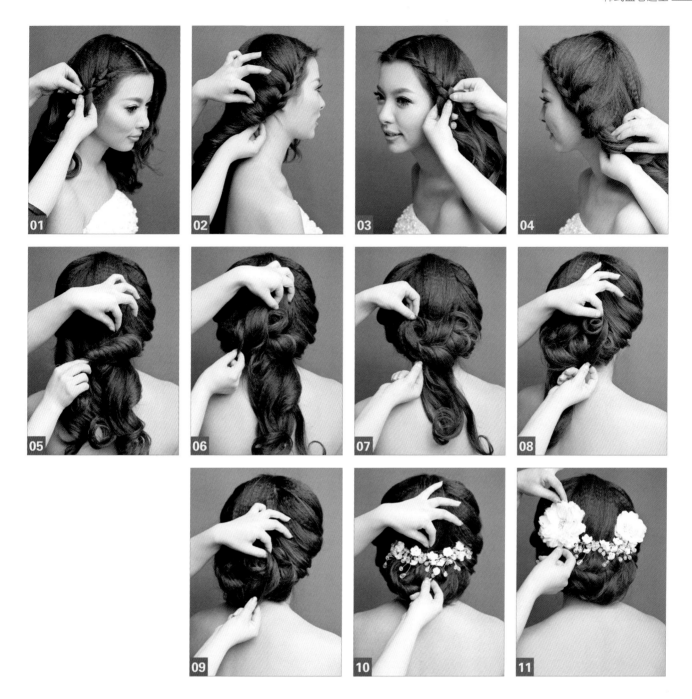

**STEP 01**　将侧发区的头发以三带一的形式编发。

**STEP 02**　将编好的发辫向内扭转，用发卡固定。

**STEP 03**　另一侧以同样的形式编发。

**STEP 04**　将编好的发辫向内扭转，用发卡固定。

**STEP 05**　将剩余的发尾倒梳，向内扭转并固定。

**STEP 06**　继续分出头发，向上提拉，打卷并固定。

**STEP 07**　继续向上提拉一片头发，扭转打卷并固定。

**STEP 08**　将剩余的部分头发继续向上提拉，打卷并固定。

**STEP 09**　将剩余的最后一片头发向上提拉，打卷并固定。

**STEP 10**　在后发区佩戴饰品，进行点缀。

**STEP 11**　在饰品的两侧继续用造型花点缀。造型完成。

### 造型提示

此款发型以三带一编发和打
卷的手法操作而成。注意两侧发
区的编发呈现下扣的样式，所以
在编发的时候可以对其角度做
细微的调整，使其更加适
应固定的方位。

**STEP 01**  分出侧发区、顶发区和后发区。将顶发区的头发扭转并固定。

**STEP 02**  取后发区的部分头发，向上提拉，翻转并固定，和顶发区的发包衔接。

**STEP 03**  将后发区剩余的头发向上提拉发尾，打卷并固定。

**STEP 04**  将侧发区的头发用两股编发的方式向后发区扭转。

**STEP 05**  将扭转后的头发固定，用手对固定的头发进行适当的调整。

**STEP 06**  刘海区的头发也采用两股编发的方式向后发区扭转并固定。

**STEP 07**  将刘海区剩余的发尾扭转并固定，用手调整固定后头发的纹理感。

**STEP 08**  另一侧发区的头发同样以两股辫的形式向后发区连接固定。

**STEP 09**  将编好的两股辫向上翻转并固定成发包状，用手整理发包的立体感。

**STEP 10**  将剩余的发尾扭转并打卷，向上提拉并固定，用手调整卷筒的立体结构。

**STEP 11**  在后发区和顶发区的交界处佩戴皇冠类饰品。造型完成。

## 造型提示

此款发型以两股辫编发和打卷的手法操作而成。可用侧发区的发尾来修饰后发区造型轮廓的饱满度。卷筒之间要衔接好。

**STEP 01**　将刘海区和侧发区的头发合并,以三股辫的形式编发。

**STEP 02**　将另外一侧发区的头发按照三股辫的形式编发。

**STEP 03**　将两股发辫交叉后用发卡固定,用手整理发辫的弧形轮廓。

**STEP 04**　将顶发区的头发分成两股,用皮筋固定成马尾,使其中一股穿过另外一股。

**STEP 05**　将马尾内侧倒梳,将表面梳光,向下扣转,打卷并固定。

**STEP 06**　用手整理卷筒的立体感,并用发卡将卷筒和头发衔接。

**STEP 07**　将另一侧的马尾内侧倒梳,将表面梳光后扣转打卷。

**STEP 08**　将卷筒固定,并用手整理卷筒的立体结构。

**STEP 09**　在后发区卷筒上方佩戴造型花,并用手整理花的轮廓。造型完成。

### 造型提示

此款发型以三股辫编发和下扣卷的手法操作而成。后发区下扣卷的弧度应呈流畅的 U 形,两个下扣卷之间不要有明显的分界线,可以适当用尖尾梳对其进行有效的调整。

121

**STEP 01** 将后发区一侧的头发以三带一的形式编发，将编好的发辫固定在另一侧。

**STEP 02** 将后发区另一侧的头发向内扭转并固定，和发辫衔接。

**STEP 03** 将剩余的发尾扭转，打卷并固定，将打好的卷用暗卡固定。

**STEP 04** 将顶发区的头发内侧倒梳，向下扭转并固定，和后发区的头发形成衔接。

**STEP 05** 顶发区的另一侧以同样的方式操作。

**STEP 06** 将刘海区中分，一侧以三带一的形式编发。

**STEP 07** 将编发向后发区延伸，将编好的发辫固定在后发区。

**STEP 08** 另一侧以三带一的形式编发。

**STEP 09** 将编发同样向后发区延伸，将发辫用暗卡衔接固定。

**STEP 10** 将后发区剩余的头发向下扭转成发包。

**STEP 11** 将剩余的发尾继续扭转并打卷。

**STEP 12** 将后发区剩余的头发继续打卷。

**STEP 13** 将后发区左侧的头发向上提拉并打卷。

**STEP 14** 将最后剩余的头发再次打卷并固定。

**STEP 15** 在后发区用花朵进行局部点缀。造型完成。

## 造型提示

此款造型以三带一编发和打卷的手法操作而成。首先要注意刘海区头发的光滑度和饱满度，可以适当用尖尾梳的尖尾进行调整，使其轮廓更加饱满。

**STEP 01** 将右侧刘海区的头发以三连编的形式向后发区编发。

**STEP 02** 在编发时，每编一节就甩出一股头发备用。

**STEP 03** 编发至后发区另一侧。

**STEP 04** 在右侧发区继续取发片编发，注意连接之前甩出的头发。

**STEP 05** 在连接第一股编发留出的头发时需要和第一股之间形成空间感。

**STEP 06** 继续编发，编发时注意不要过于松散。

**STEP 07** 编至发尾，用皮筋固定。

**STEP 08** 将编好的发辫向上提拉，翻转并打卷。

**STEP 09** 将打好的卷用发卡固定，注意发卡不要外露。

**STEP 10** 将侧发区的头发以三带一的形式编发。

**STEP 11** 编发一直向后发区延伸。

**STEP 12** 编至发尾，将编好的发辫用皮筋固定。

**STEP 13** 将发辫向一侧提拉并翻转。

**STEP 14** 将翻转后的发辫用发卡固定，发卡不要外露。

**STEP 15** 将剩余的头发内侧倒梳，将表面梳光后向一侧扣转。

**STEP 16** 将扣转的头发打卷并固定，用手调整卷筒的弧形轮廓。

**STEP 17** 将卷筒剩余的发尾向上扭转并打卷。

**STEP 18** 在顶发区和后发区的交界处佩戴造型花。

**STEP 19** 用不同的花材搭配来点缀造型，使造型的层次更加丰富。

**STEP 20** 在后发区卷筒的位置不规则地点缀花瓣。造型完成。

### 造型提示

此款造型以打卷和三带一编发的手法操作而成。打造此款造型时要注意后发区底端轮廓感的塑造，要呈现圆润饱满的轮廓感，注意调整打卷的角度。

STEP 01  在后发区取发片，以四股辫的形式编发。

STEP 02  取后发区左侧的发片，向内扭转并固定，固定的时候盖住编发的位置。另一侧以同样的方式操作。

STEP 03  继续取后发区左侧的发片，向一侧扭转并固定，在结构上形成交叉。

STEP 04  另一侧继续取发片，向相反的一侧提拉，扭转并固定。

STEP 05  左侧的发片以同样的方式操作。

STEP 06  将右侧剩余的头发向后发区左侧扭转并固定。

STEP 07  将剩余的头发编成三股辫，向上提拉，扭转并固定。

STEP 08  将侧发区的头发内侧倒梳，将表面梳光，向后提拉。

STEP 09  将侧发区的头发的发尾扭转，和后发区的卷筒固定到一起。

STEP 10  将顶发区的头发内侧倒梳，将表面梳光，向下扭转。

STEP 11  将扭转后的头发用发卡固定。

STEP 12  将剩余的发尾扭转，在后发区底端固定。

STEP 13  将侧发区的头发以尖尾梳为轴向后翻转并固定，和后发区的卷筒衔接。

STEP 14  将刘海区的头发向后翻转并固定，和后发区的头发衔接。

STEP 15  在后发区佩戴百合花，进行点缀。造型完成。

## 造型提示

此款造型以三股辫编发和四股辫编发的手法操作而成。在佩戴百合花饰品的时候，要尽量把发卡隐藏好，这样可以使造型更具有美感。

STEP 01　在头顶位置佩戴皇冠，要固定牢固。

STEP 02　将顶发区的头发以三连编的形式向下编发。

STEP 03　持续编发至发尾部分，注意发辫要保持紧实。

STEP 04　将编好的头发用皮筋固定。

STEP 05　将固定后的头发向下扣卷，用发卡固定。

STEP 06　将侧发区的头发与顶发区的发辫用暗卡衔接。

STEP 07　将侧发区的头发内侧倒梳，将表面梳光，向内扭转并固定。

STEP 08　将刘海区的头发向侧发区梳理出弧形并向后扭转。

STEP 09　将扭转后的刘海用发卡固定。

STEP 10　将侧发区的头发内侧倒梳，将表面梳光，向上提拉并扭转。

STEP 11　将扭转后的头发用发卡固定。

STEP 12　将剩余的头发和后发区的发辫用发卡衔接到一起。

STEP 13　将另一侧的头发同样和发辫衔接到一起。

STEP 14　用暗卡将发片和发辫衔接得更牢固。造型完成。

## 造型提示

此款发型以三连编编发和下
扣卷的手法操作而成。后发区两
侧包裹在发辫左右的头发要松紧
适中。为了使其不松散，可以
适当用尖尾梳倒梳，使其
衔接度更好。

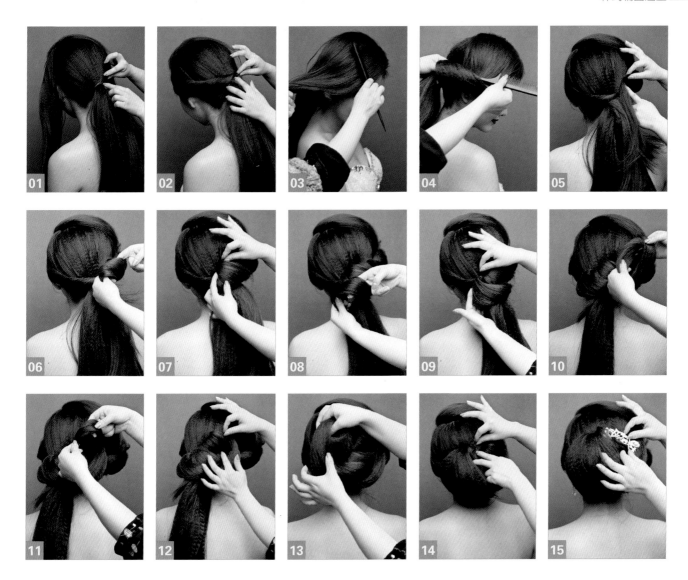

STEP 01    用皮筋在后发区底端扎成一条马尾。

STEP 02    将侧发区的头发内侧倒梳，将表面梳光，向后扭转并固定。

STEP 03    将刘海区的头发内侧倒梳，将表面梳光。

STEP 04    将梳光后的头发以尖尾梳为轴向上翻卷。

STEP 05    将翻转后的头发用发卡固定。

STEP 06    将固定后的剩余发尾继续向上打卷并固定。

STEP 07    将打好的卷调整角度后用发卡固定。

STEP 08    将剩余的头发继续向上打卷。

STEP 09    将打好的卷用发卡固定，与第一个卷筒形成衔接。

STEP 10    将剩余的头发继续向上提拉并翻转。

STEP 11    将翻转的头发打卷。

STEP 12    用发卡将打好的卷固定。

STEP 13    将剩余的最后一股头发向上提拉，翻转并打卷。

STEP 14    用发卡将打好的卷固定。

STEP 15    用饰品在后发区进行点缀。造型完成。

### 造型提示

此款造型以扎马尾和上翻卷的手法操作而成。刘海区的头发向上翻卷的弧度要呈现饱满立体的感觉，可以在用尖尾梳翻卷的时候适当对其空间感做出调整。

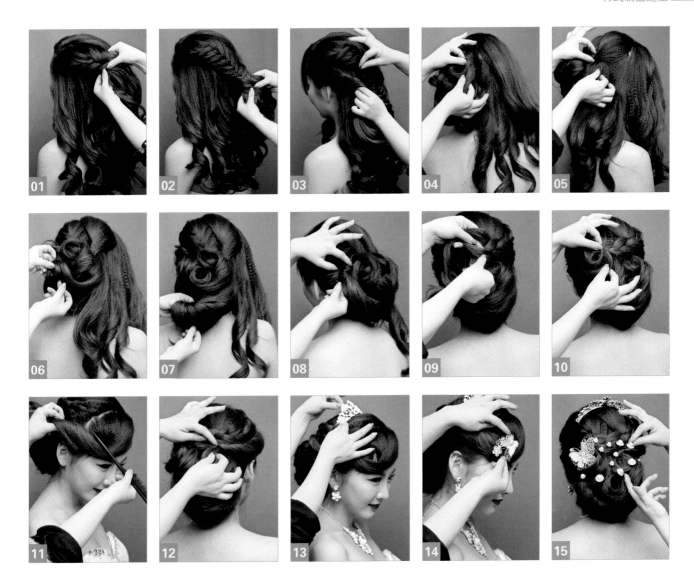

STEP 01    将侧发区的头发进行四股辫编发，注意编发适当保持松散。

STEP 02    继续向下编发，收尾并固定。

STEP 03    将侧发区的头发内侧倒梳，向内扭转并固定。

STEP 04    将固定后的头发的剩余发尾部分向上提拉，扭转并打卷。

STEP 05    将顶发区的头发内侧倒梳，将表面梳光，扭转并固定。

STEP 06    将固定后的头发的剩余发尾继续向一侧扭转并打卷。

STEP 07    将后发区剩余的头发向上翻转。

STEP 08    将翻转后的头发固定在一侧。

STEP 09    将一侧头发以三带一的形式编发。

STEP 10    将编发剩余的发尾扭转并打卷。

STEP 11    将刘海区的头发内侧倒梳，将表面梳光，以尖尾梳为轴向上翻转。

STEP 12    将翻转后的头发用发卡固定，发尾甩出留用。

STEP 13    将剩余的发尾扭转并固定，在顶发区佩戴皇冠，进行修饰。

STEP 14    用蝴蝶饰品对刘海区的头发进行点缀。

STEP 15    在后发区不规则地点缀插珠。造型完成。

## 造型提示

此款造型以四股辫编发和
三带一编发的手法操作而成。
注意后发区的发卷应形成层
次感，插珠的佩戴要大小
不一，错落有致。

STEP 01　将刘海区的头发以三带一的形式编发。

STEP 02　编发时连接侧发区的头发，注意保持外紧内松。

STEP 03　继续连接侧发区的头发编发。

STEP 04　将发辫编至发尾部分收尾。

STEP 05　将编好的发辫用皮筋固定，环绕一圈后固定在一侧。

STEP 06　将顶发区的头发以三连编的形式编发。

STEP 07　编发连接侧发区的头发，向后发区延伸。

STEP 08　持续向下编发，至发尾部分收尾。

STEP 09　用皮筋将编好的发辫固定。

STEP 10　将编好的发辫向上提拉，扭转并固定。

STEP 11　将后发区的头发提拉，将内侧倒梳。

STEP 12　将倒梳后的头发表面梳光，以尖尾梳为轴向内扭转，用发卡固定。

STEP 13　将固定后的头发的剩余发尾向上提拉，扭转。

STEP 14　将提拉扭转后的头发打卷，用发卡固定。

STEP 15　在顶发区佩戴饰品，进行点缀。造型完成。

## 造型提示

此款造型以三带一编发和三连编编发的手法操作而成。注意后发区的造型呈现的是上窄下宽的椭圆形状态，在编发辫的时候要根据需要的弧度来调整编发的角度。

STEP 01　在刘海区和侧发区的交界处佩戴饰品。

STEP 02　取刘海区的部分头发，以三带一的形式编发，将编发固定在后发区底端。

STEP 03　另一侧发区以两股编发的形式向后发区连接头发。

STEP 04　将两股编发用发卡固定在后发区。

STEP 05　将后发区一侧的头发同样以两股辫的形式编发。

STEP 06　将两股编好的发辫用发卡固定，和左侧的头发形成衔接。

STEP 07　将剩余的发尾继续向上扭转，用发卡固定。

STEP 08　将发尾继续扭转并打卷，用发卡固定。

STEP 09　将剩余的头发继续扭转，打卷并固定。

STEP 10　将最后一股头发扭转并打卷，用发卡固定牢固。

STEP 11　在后发区和顶发区的交界处佩戴饰品。造型完成。

## 造型提示

此款发型以三带一编发和两
股辫编发的手法操作而成。注
意调整刘海区的编发弧度，使
其弧度自然，以便于更好地
固定，从而达到造型协
调的效果。

**STEP 01**　用尖尾梳将刘海区的头发向顶发区方向梳理。

**STEP 02**　将侧发区的头发向后发区扭转并固定。

**STEP 03**　将另一侧发区的头发向内扭转。

**STEP 04**　将扭转后的头发用发卡固定。

**STEP 05**　将顶发区的头发内侧倒梳，将表面梳光后用发卡固定。

**STEP 06**　将侧发区剩余的头发继续扭转。

**STEP 07**　将两侧发区剩余的头发用暗卡衔接到一起。

**STEP 08**　将后发区的头发内侧倒梳，将表面梳光，向内翻转。

**STEP 09**　将另外一侧的头发内侧倒梳，向内翻卷并固定。

**STEP 10**　将剩余的头发内侧倒梳后向上提拉。

**STEP 11**　用手将发丝抽松散，做出纹理和层次。

**STEP 12**　用发卡将头发固定，注意头发的层次，以及与上方卷筒形成的衔接。

**STEP 13**　在后发区佩戴造型花，进行点缀。造型完成。

## 造型提示

此款发型以打卷造型和翻卷的手法操作而成。刘海区的头发要光滑地隆起，同时留有一些发丝，而不是没有层次感地隆起。

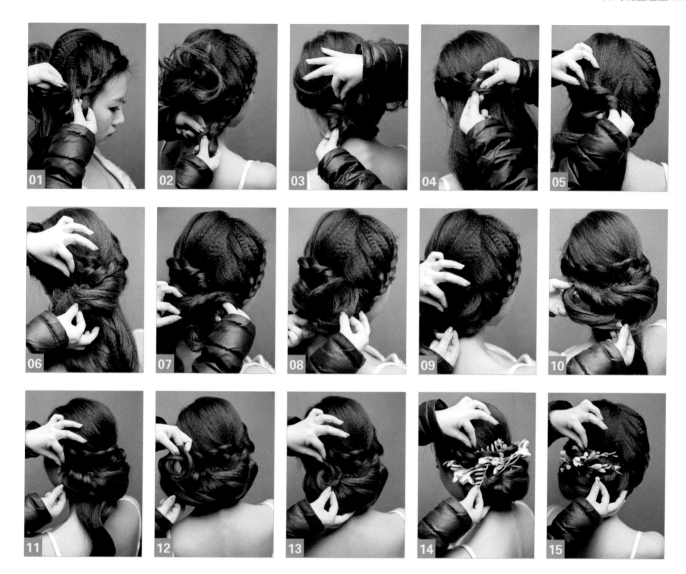

STEP 01　将刘海区的头发以三带一的形式向侧发区编发。

STEP 02　将侧发区的头发一直向后延伸编发，编至发尾收尾。

STEP 03　将编好的发辫扭转后固定在后发区一侧的位置。

STEP 04　将另一侧发区的头发以三股辫的形式向后发区编发。

STEP 05　用手将编好的发辫抽松散，制造纹理和层次。

STEP 06　用发卡将编好的发辫固定，注意和发根衔接牢固。

STEP 07　将发辫剩余的发尾扭转。

STEP 08　将扭转后的头发用发卡固定，继续扭转剩余的发尾。

STEP 09　将扭转后的发尾用发卡固定。

STEP 10　将剩余的头发向上提拉并扭转。

STEP 11　将提拉并扭转后的头发用发卡固定在后发区一侧的位置。

STEP 12　将最后一片头发向上提拉，扭转并打卷。

STEP 13　将打好的卷用发卡固定，注意和上方固定的发辫形成衔接。

STEP 14　在后发区佩戴造型花，进行点缀。

STEP 15　在造型的缝隙处用插珠不规则地点缀。造型完成。

## 造型提示

此款造型以三带一编发和三
股辫编发的手法操作而成。后
发区的鲜花佩戴要呈现错落有
致的感觉，同时使其对后发
区的轮廓起到一定的修
饰作用。

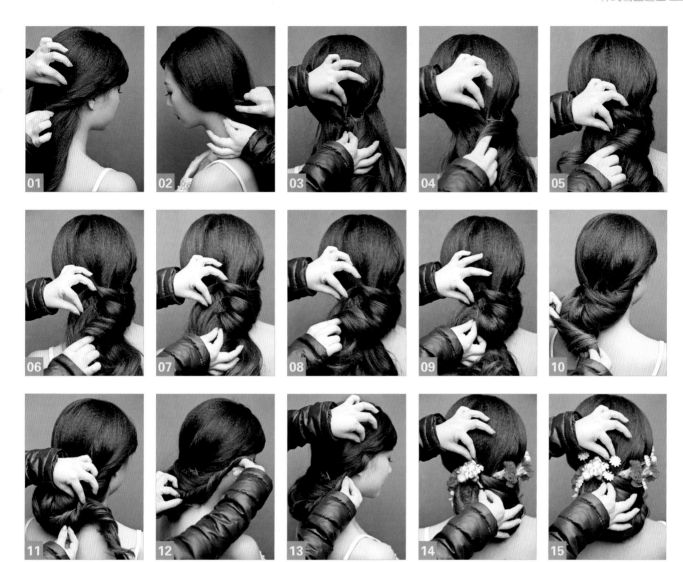

STEP 01　将侧发区的头发向后发区扭转并固定。

STEP 02　将另一侧的头发内侧倒梳，将表面梳光，向下做扣卷并固定。

STEP 03　用发卡将顶发区的头发固定在后发区。

STEP 04　将后发区的头发向上提拉，翻转并固定。

STEP 05　继续将下方的发片内侧倒梳，将表面梳光，向内扭转并固定。

STEP 06　继续将下方的头发向一侧提拉并翻卷。

STEP 07　将翻转后的头发用发卡固定牢固。

STEP 08　将剩余的头发向一侧翻转打卷。

STEP 09　将打好的卷用发卡固定，注意和一侧的卷筒衔接在一起。

STEP 10　将剩余的头发内侧倒梳后扭转。

STEP 11　将发尾继续向一侧扭转。

STEP 12　将扭转后的头发用发卡固定，注意发卡要隐藏好。

STEP 13　将剩余发尾固定在侧发区。

STEP 14　在后发区点缀造型花，进行修饰。

STEP 15　在造型花的周围佩戴插珠。造型完成。

## 造型提示

此款造型以下扣卷和打卷
的手法操作而成。后发区的发
卡要固定牢固，只有这样，
接下来的造型结构才能更
立体、更稳固。

145

STEP 01　用皮筋将后发区的头发固定成一个低马尾。

STEP 02　将一侧发区的头发以三带一的形式向后发区编发。

STEP 03　将编好的头发用皮筋固定，环绕马尾根部一圈，再次固定。

STEP 04　用发卡将发辫固定，固定的时候将发尾藏进头发里。

STEP 05　将另一侧发区的头发以三带一的形式向后发区编发。

STEP 06　使发辫向后发区延伸，在编发的时候注意角度的变化，沿着头部编出弧形。

STEP 07　将编好的发辫用皮筋固定，环绕马尾根部一圈后再次固定。

STEP 08　用发卡将发辫的发尾固定，将发尾藏到头发里。

STEP 09　将刘海区的头发以两股辫的形式编发。

STEP 10　将编好的发辫用发卡固定在后发区。

STEP 11　取马尾的头发，向上提拉，翻转，打卷并固定。

STEP 12　继续取马尾的头发，向上提拉，翻转，打卷并固定。

STEP 13　将剩余的头发继续向上翻转打卷，将卷筒固定在后发区偏下的位置。

STEP 14　将剩余的头发向一侧扭转，打卷并固定。

STEP 15　在后发区用蝴蝶结和插珠进行修饰。造型完成。

## 造型提示

此款造型以两股辫编发和三带一编发的手法操作而成。刘海区的两股辫编发要保留一定的空间感和层次感，最终呈现出来的感觉要有隆起的效果，不要过于光滑。

STEP 01　　将侧发区的头发以三带一的形式向后发区编发，注意保持适当的松散度。

STEP 02　　将发辫编至发尾，用皮筋固定。

STEP 03　　将固定后的头发用发卡固定，将发尾藏进头发里。

STEP 04　　将另一侧发区的头发以三连编的方式向后发区编发。

STEP 05　　将发辫编至发尾，用皮筋固定。

STEP 06　　将发尾和左侧发区的发辫衔接固定。

STEP 07　　提拉顶发区的头发，将内侧倒梳。

STEP 08　　将倒梳过的头发表面梳光。

STEP 09　　将梳光后的头发向下扣卷。

STEP 10　　将扣卷后的头发用发卡固定，注意发卡不要外露。

STEP 11　　将剩余的发尾以三股辫的形式编发。

STEP 12　　将编好的发辫向上提拉，扭转，打卷并固定。

STEP 13　　在后发区佩戴饰品，进行点缀。

STEP 14　　在一侧发辫的位置点缀插珠，修饰造型。

STEP 15　　在另一侧同样用插珠修饰。造型完成。

## 造型提示

此款造型以三连编编发和下扣卷的手法操作而成。注意两侧的编发在后发区的衔接，结合之后应呈现饱满的轮廓感。

**STEP 01**　将左侧的头发内侧倒梳，将表面梳光，向内扭转，打卷并固定。

**STEP 02**　继续将后发区的头发内侧倒梳，将表面梳光，向内扭转并打卷。

**STEP 03**　固定的时候要和下方的卷筒形成衔接。

**STEP 04**　将侧发区的头发内侧倒梳，将表面梳光，向下扣转并打卷。

**STEP 05**　用手整理卷筒的轮廓，用发卡将卷筒和顶发区的头发衔接到一起。

**STEP 06**　将顶发区的头发进行高角度提拉，用尖尾梳将内侧倒梳。

**STEP 07**　将倒梳后的头发表面梳光，向下扣转并固定，注意卷筒的轮廓和饱满度。

**STEP 08**　将扣转后的卷筒用发卡固定，注意和一侧的卷筒衔接。

**STEP 09**　将后发区一侧的头发内侧倒梳，将表面梳光，向上扭转至一侧固定。

**STEP 10**　将后发区剩余的头发向上翻卷。

**STEP 11**　将翻卷后的头发固定在后发区一侧的位置。

**STEP 12**　将刘海区的头发以三连编的形式向后发区编发。

**STEP 13**　将发辫收尾，用皮筋固定。

**STEP 14**　将编好的发辫固定在后发区。

**STEP 15**　在顶发区和后发区的交界处佩戴饰品，进行点缀。造型完成。

## 造型提示

此款造型以三连编编发和打卷的手法操作而成。后发区的各个发卷形成的整体轮廓要饱满，尤其是最下方的头发要弧度圆润。

STEP 01　从刘海区的一侧以三带一的形式编发。

STEP 02　将发辫编至发尾，收尾并固定，注意保持适当的松散度。

STEP 03　将侧发区的头发以三带一的形式向后发区编发。

STEP 04　将编好的发辫收尾，用皮筋固定。

STEP 05　将中间的发辫向一侧提拉，扭转并固定，注意发卡不要外露。

STEP 06　将侧发区的发辫继续向一侧扭转并固定，和第一股发辫衔接到一起。

STEP 07　将侧发区的头发以三连编的形式向后发区编发。

STEP 08　将发辫编至发尾，注意保持适当的松散度。

STEP 09　将发辫向下扣转并固定，用发卡将发辫和发辫衔接在一起。

STEP 10　将侧发区的头发向后发区扭转并固定，遮住发辫的发尾。

STEP 11　用手调整卷筒的轮廓，用暗卡将卷筒和发辫衔接到一起。

STEP 12　将剩余的头发继续向后扭转并打卷。

STEP 13　用发卡将扭转后的卷筒固定。

STEP 14　在一侧位置用造型花进行点缀。

STEP 15　在后发区用插珠进行点缀。造型完成。

## 造型提示

此款造型以三带一编发和三连编编发的手法操作而成。在佩戴造型花的时候，注意不要呈堆积的感觉，要保留出一定的空隙，体现出空间感和层次感。

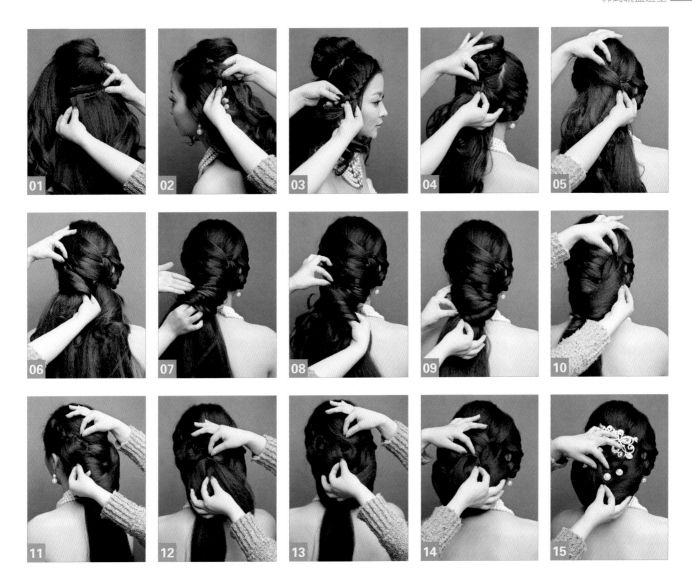

STEP 01　在顶发区的头发下方固定一个假发片。

STEP 02　将侧发区的头发以三连编的形式向后发区编发。

STEP 03　另一侧发区以三带一的形式编发。

STEP 04　将编好的头发收尾，固定在后发区。

STEP 05　将顶发区的头发内侧倒梳，向一侧扭转并固定。

STEP 06　继续将后发区的头发表面梳光，向内扭转并固定。

STEP 07　将后发区另一侧的头发表面梳光，向内扭转。

STEP 08　将左侧的头发合并假发片的头发，一起向右侧发区扭转并固定。

STEP 09　将右侧的头发向左侧发区扭转并固定，形成交叉的轮廓。

STEP 10　将剩余的发片向上提拉，翻转并固定。

STEP 11　将剩余的发片向后发区左侧位置提拉，翻转，打卷并固定。

STEP 12　将假发片的头发向上提拉，扭转并固定，和左右两侧的头发形成衔接。

STEP 13　将剩余的发尾继续扭转，打卷并固定。

STEP 14　将最后一股头发向上提拉，扭转并打卷。

STEP 15　在顶发区和后发区的交界处佩戴饰品，在后发区卷筒的衔接处用插珠进行修饰。造型完成。

## 造型提示

此款造型以三带一编发和打
卷的手法操作而成。此款造型采
用了真假发衔接的手法，所以要
注意真发对假发固定位置的遮
挡，要使真假发之间呈现
自然的衔接状态。

**STEP 01**　将刘海区的头发分出两层，将外层头发以三带一的形式编发并固定。

**STEP 02**　将第二层头发继续以三带一的形式编发。

**STEP 03**　将编好的头发向后发区扭转。

**STEP 04**　将扭转后的发辫用发卡固定在后发区。

**STEP 05**　将另一侧的头发以三带一的形式向后发区编发。

**STEP 06**　将侧发区编好的发辫用皮筋固定并向一侧提拉。

**STEP 07**　用发卡将发辫固定，并用暗卡将两股发辫衔接到一起。

**STEP 08**　将剩余的头发内侧倒梳，向上翻转，打卷并固定。

**STEP 09**　继续取剩余的头发，向上提拉，扭转并打卷。

**STEP 10**　继续将发片向上提拉，扭转并打卷。

**STEP 11**　将打好的卷用发卡固定，和上方的卷筒形成衔接。

**STEP 12**　将剩余的头发继续扭转，打卷并固定。用发卡将卷筒衔接得更加牢固。

**STEP 13**　将最后一片头发向上提拉，扭转，打卷并固定。

**STEP 14**　在刘海区的发辫位置点缀插珠，对造型进行修饰。

**STEP 15**　在后发区和顶发区的交界处佩戴饰品，进行点缀。造型完成。

## 造型提示

此款造型以三带一编发和
打卷的手法操作而成。打造此
款造型时，刘海区的头发要
编得饱满，并对额头进行
适当的遮挡。

STEP 01    将侧发区的头发以三带一的形式编发。

STEP 02    将刘海区表面的头发以三带一的形式编发。

STEP 03    将发辫连接顶发区的头发,向后发区编发。

STEP 04    将刘海区第二层头发以三带一的形式编发。

STEP 05    将侧发区的头发同样以三带一的形式编发。

STEP 06    将侧发区的头发向后发区继续编发,注意外松内紧。

STEP 07    将编好的几股发辫向后发区汇集,用发卡固定。

STEP 08    将剩余的头发向上翻转打卷。

STEP 09    将打好的卷筒用发卡固定,注意卷筒轮廓的弧度。

STEP 10    继续取剩下的头发,向上提拉,扭转并打卷。

STEP 11    将扭转后的卷用发卡固定,注意和其他的卷筒形成衔接。

STEP 12    将剩余的头发向上提拉,扭转,打卷并固定。

STEP 13    继续将剩余的发丝交叉提拉至相反方向,打卷并固定。

STEP 14    将剩余的头发向相反方向提拉,扭转,打卷并固定,用发卡将各个
           卷筒衔接。

STEP 15    在后发区和顶发区的交界处佩戴饰品,进行点缀。造型完成。

## 造型提示

此款造型以三带一编发和打
卷的手法操作而成。在编刘海区
的头发的时候,发辫结合在一起
要形成纹理感。另外要注意随时
调整编发的角度,使其能够
更加自然地衔接。

159

**STEP 01**　将刘海区的头发以三带一的形式编发。

**STEP 02**　一直编至发尾收尾，注意保持适当的松散度。

**STEP 03**　将编好的发辫向内扭转后固定在后发区。

**STEP 04**　将另一侧发区的头发合并后发区剩余的头发，以四股辫的形式编发。

**STEP 05**　将编好的发辫用发卡固定在后发区。

**STEP 06**　将剩下的发片内侧倒梳，将表面梳光后向上翻转打卷。

**STEP 07**　将剩余的发尾继续扭转，打卷并固定。

**STEP 08**　用暗卡将卷筒和发辫衔接到一起。

**STEP 09**　将剩余的头发向一侧扭转并打卷。

**STEP 10**　用发卡将扭转后的卷筒固定，和一侧发辫衔接到一起。

**STEP 11**　点缀造型花。

**STEP 12**　在后发区的卷筒衔接处点缀插珠，对后发区进行装饰。

**STEP 13**　在一侧发区的发辫上不规则地点缀插珠。造型完成。

## 造型提示

此款发型以三带一编发和四股辫编发的手法操作而成。要注意后发区发卷的摆放，最终应使后发区形成饱满的轮廓。

161

STEP 01　在前额部位佩戴饰品，并用发卡将其固定牢固。

STEP 02　将侧发区的头发内侧倒梳，将表面梳光，向上翻转并固定。

STEP 03　将另一侧的头发以同样的方式操作。

STEP 04　将右侧发区的头发继续向内翻转并固定。

STEP 05　将左侧发区剩余的头发向上翻转并固定。

STEP 06　将固定后剩余的头发继续翻转，用发卡固定。另一侧剩余的头发采用同样的方式操作。

STEP 07　将后发区的发片向内扭转，用发卡固定。

STEP 08　将发片固定后剩余的头发扭转出层次。

STEP 09　将扭转后的层次用发卡固定。

STEP 10　将剩余的头发继续向内侧打卷并固定。

STEP 11　将剩余的头发向下以三带一的形式编发。

STEP 12　将剩余的发尾继续扭转，打卷并固定在发辫上，和发辫衔接在一起。

STEP 13　将编好的发辫向上提拉，扭转，打卷并固定。

STEP 14　将剩余的头发继续扭转出层次并用发卡固定。

STEP 15　在后发区用蝴蝶饰品不规则地进行点缀。造型完成。

### 造型提示

此款造型以三带一编发和
打卷的手法操作而成。头顶
的装饰链子要佩戴得端正牢
固，可以适当对其进行
多点固定。

163

**STEP 01**　将一侧头发以三连编的形式编发。

**STEP 02**　继续向下连接头发，在编发时注意保持适当的松散度。

**STEP 03**　将发辫向后发区一侧延伸，连接后发区的头发。

**STEP 04**　将发辫编至发尾收尾，用皮筋固定。

**STEP 05**　将编好的发辫向一侧扭转并固定，将发尾藏进头发里。

**STEP 06**　将刘海区的头发向侧发区扭转，整理头发表面的纹理和层次。

**STEP 07**　在顶发区和刘海区的交界处佩戴皇冠。造型完成。

## 造型提示

此款发型以三连编编发的手法操作而成。刘海区要呈现饱满的状态，在后发区编发时，要注意边编发边调整角度。

STEP 01 　将侧发区的头发向后发区扭转。

STEP 02 　将另一侧的头发按照同样的方式操作。

STEP 03 　用发卡将两侧发区的头发固定在一起。

STEP 04 　将后发区的头发向内扭转并打卷。

STEP 05 　将后发区右侧的头发继续扭转并打卷。

STEP 06 　用发卡将扭转后的头发固定。

STEP 07 　将剩余的头发以三股辫的形式编发。

STEP 08 　将编好的发辫向一侧提拉，扭转并固定。

STEP 09 　将剩下的头发继续以三股辫的形式编发。

STEP 10 　将编好的发辫用皮筋固定，向一侧提拉，扭转并固定。

STEP 11 　将剩余的头发继续以三股辫的形式编发，注意保持适当的松散度。

STEP 12 　将编好的发辫向一侧提拉，扭转并固定，注意发辫提拉扭转产生的弧度。

STEP 13 　将最后一片头发进行三股编发操作。

STEP 14 　将编好的发辫向后发区造型的左侧提拉，扭转。

STEP 15 　将扭转后的发辫固定，在顶发区和后发区的交界处佩戴饰品，在后发区发辫的衔接处点缀饰品。造型完成。

## 造型提示

此款造型以倒梳和三股辫编发的手法操作而成。头发的表面要干净整洁，后发区的造型结构之间要保留一定的空隙，以方便佩戴饰品。

STEP 01　将侧发区的头发以三连编的形式向后发区编发。

STEP 02　编至后发区的部分收尾，注意不要过于松散。

STEP 03　另一侧以同样的形式向后发区编发。

STEP 04　编至后发区的时候收尾，注意保持适当的松散度。

STEP 05　将发辫用皮筋固定，将第一股发辫用发卡固定在后发区的左侧位置。

STEP 06　将左侧发区的发辫向内扭转，覆盖第一股发辫，固定在后发区右侧的位置。

STEP 07　用发卡将发辫和头发衔接得更牢固，注意发卡不要外露。

STEP 08　将剩余的头发向一侧扭转并打卷。

STEP 09　将剩下的最后一片发片向右侧位置翻转，扭转，打卷并固定。

STEP 10　在前发区的位置佩戴饰品，进行点缀。造型完成。

## 造型提示

此款发型以三连编编发和打卷的手法操作而成。额头位置的饰品要佩戴得伏贴，并用饰品对脸形进行合理的修饰。

STEP 01    将刘海区的头发以三股辫的形式编发。

STEP 02    将刘海区剩余的头发继续以三股辫的形式编发。

STEP 03    将侧发区的头发继续以三股辫的形式编发。

STEP 04    将编好的几股发辫向下扭转，固定在侧发区和后发区的交界处。

STEP 05    取后发区发片，以尖尾梳为轴向下翻转并固定。

STEP 06    将另一侧发区的头发内侧倒梳，向后发区扭转。

STEP 07    用发卡在顶发区和后发区的头发的交界处固定。

STEP 08    将后发区剩余的头发向内翻转，打卷并固定。

STEP 09    将固定后剩余的发尾继续翻转出层次并固定，注意和卷筒衔接在一起。

STEP 10    将后发区剩余的头发扭转并打卷。

STEP 11    继续将剩余的头发扭转层次。

STEP 12    将扭转后的头发用发卡固定，继续扭转剩余的头发。

STEP 13    将最后一片头发扭转并打卷。

STEP 14    用发卡将扭转后的头发固定。

STEP 15    在后发区和顶发区的交界处用饰品进行点缀，在饰品的边缘用蝴蝶饰品
再次强调。造型完成。

## 造型提示

此款造型以三股辫编发和打卷的手法操作而成。注意刘海区发辫发尾的隐藏及后发区的发卡的固定，这些都决定了造型的牢固度及美感。

**STEP 01** 将顶发区的头发高角度提拉，用尖尾梳对头发内侧倒梳。

**STEP 02** 将倒梳后的头发表面梳光，向内扣转，打卷并固定。

**STEP 03** 将后发区的头发内侧倒梳，将表面梳光，向内翻转，打卷并固定。

**STEP 04** 取发片，将内侧倒梳，将表面梳光，向内翻转打卷。

**STEP 05** 将侧发区表面的头发以三股辫的形式编发。

**STEP 06** 另一侧以同样的方式操作。

**STEP 07** 将编好的发辫用皮筋固定，将侧发区剩余的头发向后扭转并固定。

**STEP 08** 另一侧的头发以同样的方式处理。

**STEP 09** 将两边的发辫向后发区提拉并交叉，用发卡固定。

**STEP 10** 将后发区剩余的头发以尖尾梳为轴向上翻转，打卷并固定。

**STEP 11** 继续将剩余的头发内侧倒梳，制造支撑，向一侧方向扭转。

**STEP 12** 继续扭转剩余的头发。

**STEP 13** 将后发区右侧剩余的头发向相反的方向提拉。

**STEP 14** 将剩余的头发向一侧提拉，扭转，用发卡固定。

**STEP 15** 在顶发区固定造型纱，在后发区的两侧用饰品进行点缀。造型完成。

## 造型提示

此款造型以上翻卷和三股辫编发的手法操作而成。顶发区的头发要表面光滑并隆起一定的高度，用尖尾梳倒梳的时候要倒梳到发根位置。

**STEP 01** 将侧发区的头发内侧倒梳，将表面梳光后向后扭转，用发卡固定。

**STEP 02** 从刘海区开始将头发以三带一的形式编发。

**STEP 03** 将编好的发辫用皮筋固定，向一侧提拉，扭转并固定。

**STEP 04** 取后发区发片，向上翻卷并固定。

**STEP 05** 将剩余的发尾继续扭转，打卷并固定。

**STEP 06** 继续提拉一片头发，向上打卷并固定，用手调整结构的弧形。

**STEP 07** 继续将剩余的头发内侧倒梳，将表面梳光，向内打卷。

**STEP 08** 取后发区剩余的头发，继续向上提拉，扭转打卷。

**STEP 09** 将左侧发区的头发同样扭转并打卷。

**STEP 10** 用发卡将扭转好的发卷固定，注意和固定好的头发形成衔接。

**STEP 11** 将最后一片头发打卷。

**STEP 12** 在后发区两侧佩戴饰品，进行点缀。

**STEP 13** 在发卷衔接处用插珠不规则地进行点缀。造型完成。

## 造型提示

此款发型以三带一编发和打
卷的手法操作而成。注意用后
发区的头发对刘海区的编发在后
发区进行部分遮挡，这样可
以增加造型的层次感。

**STEP 01** 在刘海区和侧发区的交界处佩戴饰品，进行点缀。

**STEP 02** 将侧发区的头发内侧倒梳，将表面梳光，向上提拉，扭转并固定。

**STEP 03** 将剩余的头发内侧倒梳，将表面梳光，继续向上翻卷。

**STEP 04** 将剩余的头发内侧倒梳，将表面梳光，继续向内翻卷。

**STEP 05** 将后发区的头发以三带一的形式编发，注意保持适当的松散度。

**STEP 06** 将编好的发辫向一侧提拉。

**STEP 07** 将刘海区的头发以三带一的形式编发。

**STEP 08** 将编好的发辫收尾，向后发区提拉，扭转并固定。

**STEP 09** 在后发区佩戴饰品，进行点缀。造型完成。

### 造型提示

此款发型以三带一编发和上翻卷的手法操作而成。刘海区的编发要呈现一定的松散度，这样在固定之后会让造型的轮廓显得更加饱满。

**STEP 01** 将刘海区的头发内侧倒梳，将表面梳光后向一侧做手摆波纹造型。

**STEP 02** 将扭转的头发用发卡固定，继续取发片，向前做手摆波纹造型。

**STEP 03** 将侧发区的头发内侧倒梳，将表面梳光后向后发区扭转。

**STEP 04** 将另一侧发区的头发内侧倒梳，将表面梳光后向后发区扭转。

**STEP 05** 将后发区的头发以三股辫的形式编发。

**STEP 06** 将编好的发辫用皮筋固定，向一侧提拉，扭转后用发卡固定。

**STEP 07** 将后发区剩余的头发继续以三股辫的形式编发。

**STEP 08** 将编好的发辫向上提拉，扭转并固定。

**STEP 09** 将后发区剩余的头发继续以三股辫的形式编发。

**STEP 10** 将编好的发辫向一侧提拉并固定。

**STEP 11** 将最后一片头发继续以三股辫的形式编发。

**STEP 12** 将编好的发辫提拉至一侧并固定。

**STEP 13** 将最后一片头发以三股辫的形式收尾。

**STEP 14** 将编好的发辫向上提拉，用发卡固定。

**STEP 15** 在后发区佩戴饰品，在饰品的外围继续固定一层网眼纱。造型完成。

## 造型提示

此款造型以手摆波纹和三股辫编发的手法操作而成。注意后发区发辫与发辫之间的相互衔接及摆放的位置，应最终形成自然的整体轮廓。

STEP 01    将后发区的头发以三连编的形式编发。添加两侧的头发，注意保持适当的松散度。

STEP 02    将编好的发辫固定，将侧发区的头发向内扭转。

STEP 03    将扭转后的头发固定，将剩余的发尾向后发区继续扭转。

STEP 04    将刘海区的头发提拉，将内侧倒梳。

STEP 05    将倒梳后的头发表面梳光，向后发区扭转。

STEP 06    将扭转后的头发用发卡固定，将剩余的发尾继续向后发区扭转。

STEP 07    将另一侧发区的头发内侧倒梳，将表面梳光后向后发区扭转。

STEP 08    将剩余的发尾继续向后发区扭转。

STEP 09    将后发区剩余的头发向上提拉，扭转并打卷。

STEP 10    将扭转后的头发用发卡固定，继续取发片，向上提拉，扭转并打卷。

STEP 11    将扭转后的发卷用发卡固定。

STEP 12    将剩余的头发继续向一侧扭转。

STEP 13    将扭转后的头发用发卡固定。

STEP 14    将最后一片头发扭转。

STEP 15    在后发区不规则地点缀蝴蝶结，对造型进行修饰。造型完成。

## 造型提示

此款造型以三连编编发和
打卷的手法操作而成。此款造
型结构之间相互的叠加比较复
杂，在造型的时候要注意结
构间的衔接及固定的
牢固度。

**STEP 01**　将侧发区的头发内侧倒梳，将表面梳光，向后发区扭转并固定。

**STEP 02**　另一侧用同样的方式操作。

**STEP 03**　将刘海区的头发向上提拉，将内侧倒梳。

**STEP 04**　将刘海倒梳后以尖尾梳为轴向上翻转，做出上翻卷。

**STEP 05**　将剩余的发尾继续向后扭转上翻，做连环卷并固定。

**STEP 06**　将剩余的发尾打卷并固定，和侧发区固定的头发衔接在一起。

**STEP 07**　将后发区的头发以三连编的形式编发。

**STEP 08**　一直向一侧编发，一直编至发尾。

**STEP 09**　将编好的发辫用皮筋固定。

**STEP 10**　将后发区左侧剩余的头发内侧倒梳。

**STEP 11**　将倒梳好的头发向内扭转并和发辫衔接固定。

**STEP 12**　固定后用手整理表面的纹理和层次。

**STEP 13**　在刘海区和侧发区的交界处佩戴造型花，进行点缀。

**STEP 14**　在顶发区继续佩戴造型花，装饰造型，使造型更加丰富饱满。

**STEP 15**　在后发区继续用造型花点缀。造型完成。

## 造型提示

此款造型以上翻卷和三连编编发的手法操作而成。在造型的时候，后发区垂落的头发的走向要自然，不能生拉硬拽。为了使其弧度更加自然，可以用电卷棒将其烫卷，使其更加适应所需要的弧度。

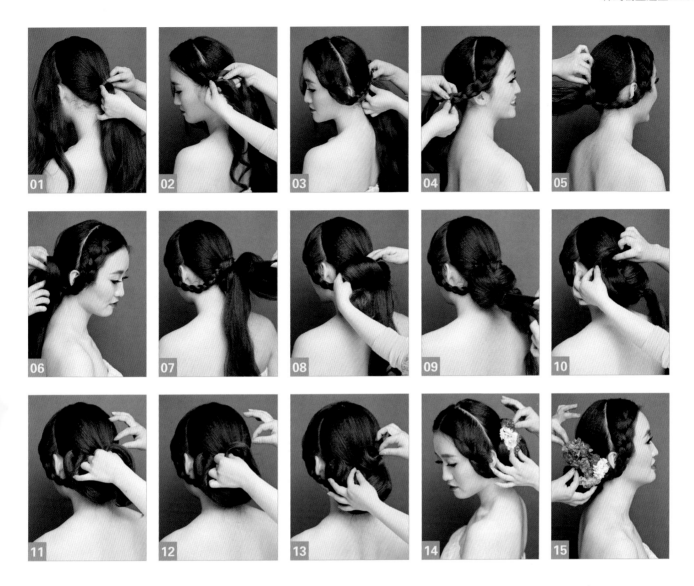

| STEP 01 | 将头发分出前、后区，将后发区的头发用皮筋固定成马尾。 |
| --- | --- |
| STEP 02 | 将侧发区的头发以三连编的形式向后发区编发。 |
| STEP 03 | 将编好的发辫用皮筋固定，向后发区提拉并固定。 |
| STEP 04 | 另一侧以同样的编发手法操作。 |
| STEP 05 | 将编好的发辫用皮筋固定在后发区的马尾上。 |
| STEP 06 | 从后发区的马尾中分出头发来打卷。 |
| STEP 07 | 将剩余的头发继续用尖尾梳倒梳。 |
| STEP 08 | 将倒梳后的发片表面梳光，向上翻转打卷并固定。 |
| STEP 09 | 将剩余的头发继续倒梳。 |
| STEP 10 | 将头发向上提拉，扭转，打卷并固定在顶发区和后发区的交界处。 |
| STEP 11 | 将剩余的发片向上翻转，打卷并固定，和其他的卷筒形成衔接。 |
| STEP 12 | 将剩余的发尾继续扭转并打卷。 |
| STEP 13 | 将扭转后的卷筒用暗卡固定，注意和其他卷筒形成衔接。 |
| STEP 14 | 在卷筒的位置佩戴造型花，进行点缀。 |
| STEP 15 | 在另一侧卷筒的位置同样佩戴造型花。造型完成。 |

## 造型提示

此款造型以扎马尾和打卷的
手法操作而成。两侧的发辫在
后发区的固定要呈现松散自然的
弧度，并且要用后发区的发卷
对其固定的位置进行很
好的遮挡。

**STEP 01**　将侧发区的头发以四股辫编发的形式操作，编发时要保持适当的松散度。继续向下编发，变成鱼骨辫的编发手法。

**STEP 02**　编至发尾，用皮筋固定，造成一种上松下紧的编发效果。

**STEP 03**　另一侧以同样的形式操作。

**STEP 04**　编发至下方，同样变换成鱼骨辫的形式。

**STEP 05**　将编好的发辫用皮筋固定。

**STEP 06**　用皮筋将顶发区的头发扎成一束马尾。

**STEP 07**　取马尾中的头发，扭转并打卷，固定在顶发区和后发区的右侧交界处。

**STEP 08**　继续取发片，向上扭转并打卷，固定在后发区和顶发区的左侧交界处。

**STEP 09**　取剩余的马尾头发，向上扭转并打卷，和其他的卷筒衔接。

**STEP 10**　将两侧发区的发辫向后发区交叉，用发卡固定在一起。

**STEP 11**　将后发区剩余的头发向上打卷并固定。

**STEP 12**　将后发区左侧的头发向上提拉并打卷，和上方的卷筒衔接。

**STEP 13**　将最后一片发辫向上提拉，打卷并固定。

**STEP 14**　在刘海区和侧发区的衔接处佩戴造型花。

**STEP 15**　在后发区的一侧同样佩戴造型花。造型完成。

## 造型提示

此款造型以打卷和鱼骨辫编发的手法操作而成。注意后发区底端两片打卷的头发的相互叠加，这样的角度可以呈现出更好的包裹状态，使造型轮廓更加饱满。

STEP 01　在刘海区和侧发区的交界处固定造型花，将刘海区的头发以三连编的形式编发。

STEP 02　将编好的头发暂时固定。

STEP 03　继续在发辫中添加头发。

STEP 04　将编发延伸到侧发区，并且将编好的发辫用手抽松散。

STEP 05　将发辫向上提拉，扭转，将发尾藏进发辫里。

STEP 06　将另一侧发区的头发以三连编的形式编发。

STEP 07　将编好的发辫向上提拉并翻转。

STEP 08　将后发区剩余的头发向上扭转并固定在发辫上。

STEP 09　将剩余的发尾继续向上提拉，扭转。

STEP 10　将扭转后的发尾用发卡固定。

STEP 11　将后发区剩余的一侧头发向上提拉，翻转并固定在发辫上。

STEP 12　用尖尾梳调整头发的纹理和层次。

STEP 13　将剩余的发片扭转，倒梳，向上提拉并固定。

STEP 14　用尖尾梳调整头发的层次和纹理。

STEP 15　佩戴造型花及花瓣，进行点缀。造型完成。

## 造型提示

此款造型以打卷、三带一编发和三连编编发的手法操作而成。要注意头发的层次感，在编发的时候要保留一定的松散度，使其更加适合调整层次，这样可以使造型呈现出更加自然的效果。

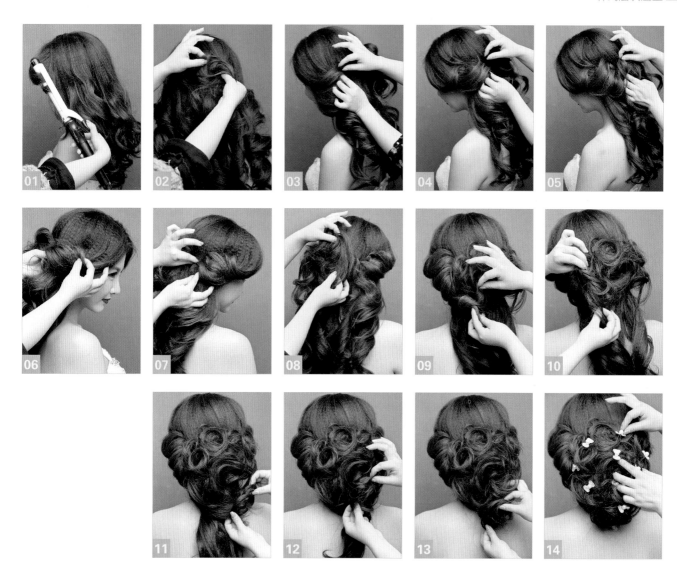

STEP 01　用小号电卷棒将所有头发进行烫卷处理。

STEP 02　将烫卷后的头发扭转出层次。

STEP 03　将侧发区的头发向上翻卷并固定。

STEP 04　继续将侧发区的头发向后发区翻卷并固定。

STEP 05　将固定后的发尾用手整理出层次。

STEP 06　将另一侧刘海区的头发向后翻卷并固定，用手整理头发表面的层次。

STEP 07　继续将侧发区的头发翻卷并固定，用手整理头发的层次。

STEP 08　将扭转并固定后的头发剩余的发尾用手整理出层次。

STEP 09　继续将后发区的头发扭转并固定。

STEP 10　将固定后的头发用手整理出层次和纹理。

STEP 11　将剩余的头发继续扭转，整理头发表面的层次。

STEP 12　将整理后的头发层次用发卡固定。

STEP 13　将最后一股头发用手整理出层次。

STEP 14　将整理后的发丝用发卡固定，用蝴蝶插珠进行点缀。造型完成。

## 造型提示

此款发型以电卷棒烫卷和上翻卷的手法操作而成。后发区的头发要乱而有序，呈现出一定的层次感，而不是一团乱发。可以在喷干胶之后适当用尖尾梳的尖尾对其层次做出调整。

STEP 01　用电卷棒在发梢的位置进行纹理的处理。

STEP 02　用皮筋将顶发区的头发固定成一个马尾。

STEP 03　将剩余的发尾用手抽松散，制造纹理感和线条感。

STEP 04　将抽松散的发丝用发卡固定，遮挡住皮筋的位置。

STEP 05　将马尾剩余的头发继续抽松散，制造纹理感。

STEP 06　用发卡将抽散的发丝固定，用手局部调整发丝的纹理。

STEP 07　继续用手整理发丝的纹理和层次。

STEP 08　将后发区剩余的头发以尖尾梳为轴向上翻转打卷。

STEP 09　将剩余的头发倒梳。

STEP 10　将倒梳后的头发表面梳光，以尖尾梳为轴向内翻转，打卷并固定。

STEP 11　将剩余的头发以尖尾梳为轴向上翻转并固定。

STEP 12　用暗卡将各个卷间相互衔接牢固。

STEP 13　提拉刘海区的头发，将内侧倒梳。

STEP 14　用尖尾梳梳理倒梳后的头发。

STEP 15　在侧发区和后发区的交界处佩戴造型花，进行点缀。在卷筒的位置以
　　　　　弧形走向点缀插珠。造型完成。

### 造型提示

此款造型以电卷棒烫发和扎
马尾的手法操作而成。要注意
头顶的发丝的纹理和层次，不
要梳理得过于光滑，同时要
将垂落的头发要烫出自
然的卷度。

STEP 01　用发卡将刘海区的头发向顶发区固定。

STEP 02　将侧发区的头发上提拉，扭转并固定。

STEP 03　另一侧发区的头发按照同样的方式处理。

STEP 04　将后发区的头发继续向上提拉，扭转并固定。

STEP 05　将刘海区的头发以尖尾梳为轴向上翻卷并固定。

STEP 06　将刘海区的头发剩余的发尾继续向后发区扭转并固定。

STEP 07　将另一侧发区的头发向内扭转。

STEP 08　用发卡将扭转后的头发固定。

STEP 09　将固定后的两边的头发的剩余发梢进行交叉。

STEP 10　用发卡将交叉后的头发固定。

STEP 11　将剩余的发尾向上提拉并打卷，抽散发丝。

STEP 12　将发丝抽松散，用发卡固定。

STEP 13　将剩余的头发提拉并扭转，抽散发丝。

STEP 14　将松散的发丝用发卡固定，用手整理固定后的头发表面的纹理和层次。

STEP 15　在后发区两侧点缀造型花，使造型层次更加丰富。在花材的中央点缀饰品。造型完成。

## 造型提示

此款造型以上翻卷和打卷的手法操作而成。此款造型采用了借发的形式，将刘海区原有的头发固定好之后再进行刘海区的造型，要注意头发之间的衔接，否则会显得很生硬。

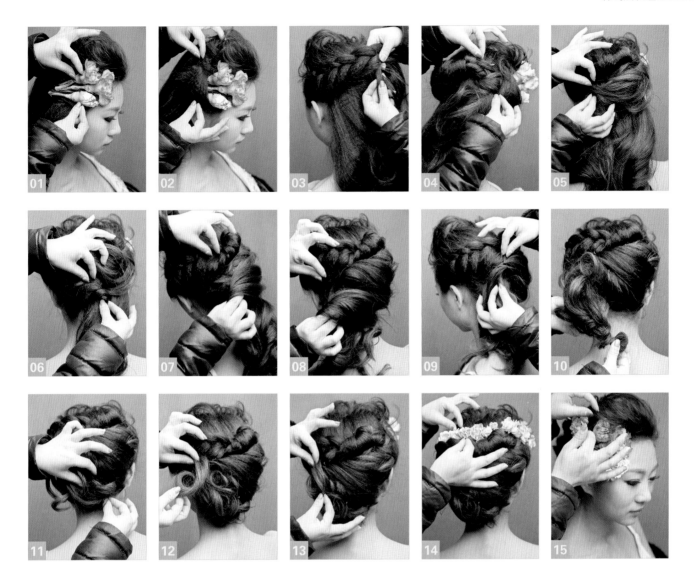

STEP 01　在侧发区和刘海区的交界处佩戴造型花。

STEP 02　将侧发区的头发向上提拉，翻转并固定，包裹住花枝的位置。

STEP 03　另一侧以三带一的形式向后发区编发。

STEP 04　将编好的发辫用皮筋固定，然后向后发区一侧扭转并固定。

STEP 05　将剩余的发尾扭转至一侧并固定，用手整理头发表面的层次和纹理。

STEP 06　将后发区剩余的头发以两股辫的形式编发。

STEP 07　将编好的发辫用发卡固定，将右侧发区的头发向相反的方向翻转。

STEP 08　继续将右侧发区的头发倒梳，向左侧发区翻转并固定。

STEP 09　用发卡将发卷与发辫之间衔接。

STEP 10　将剩余的头发以三股辫的形式编发收尾。

STEP 11　将编好的发辫向内扭转并固定。

STEP 12　用手整理发辫表面的纹理和层次。

STEP 13　用发卡将头发的纹理固定。

STEP 14　在顶发区和后发区的交界处佩戴造型花，进行点缀。

STEP 15　用手整理刘海区的头发的纹理和层次。造型完成。

### 造型提示

此款造型以两股辫编发和三带一编发的手法操作而成。打造此款造型时首先佩戴了造型用的鲜花饰品，在佩戴鲜花之后，头发要与鲜花形成很好的衔接，不要出现脱节的感觉。

STEP 01　将顶发区的头发暂时固定，将剩余后发区的头发用皮筋固定成低马尾。

STEP 02　从马尾的头发中取出一股扭转，将头发抽松散，制造表面的层次感。

STEP 03　将剩余的发尾继续抽松散。

STEP 04　继续取剩余的头发，扭转头发，进行抽发处理。

STEP 05　将剩余的头发全部扭转，并进行抽发处理。

STEP 06　将刘海区的头发以两股交叉的形式处理。

STEP 07　将编发一直延伸到后发区，用发卡固定。

STEP 08　另一侧发区以三连编的形式向后发区编发。

STEP 09　将编发固定在后发区造型的上方。

STEP 10　将剩余的顶发区的头发继续以三股辫的形式编发。

STEP 11　将编好的发辫用皮筋固定。

STEP 12　将剩余的头发继续以编发的方式处理。

STEP 13　将发辫一直编至发尾，注意保持适当的松散度。

STEP 14　将编好的发辫向上提拉，扭转，用发卡固定，和后发区上方的发辫形成衔接。

STEP 15　在刘海区和侧发区的交界处佩戴饰品，进行点缀。造型完成。

## 造型提示

此款造型以扎马尾和三连编编发的手法操作而成。后发区的头发要呈现乱而有序的状态，可以用手和尖尾梳相互结合进行调整。

STEP 01    用电卷棒将刘海区的头发处理出纹理。

STEP 02    另一侧的头发也以外翻的形式用电卷棒进行烫卷处理。

STEP 03    将后发区的头发分成发片向内扭转，用发卡固定。

STEP 04    将后发区的头发继续向内侧扭转。

STEP 05    将扭转后的头发用发卡固定，注意在结构上形成交叉的轮廓。

STEP 06    将剩余的头发向上翻转，打卷并固定。

STEP 07    将侧发区的头发向后发区扭转。

STEP 08    将侧发区的头发同样向后发区扭转。

STEP 09    用手整理固定后的头发的纹理和层次。

STEP 10    将另一侧的头发向后发区扭转。

STEP 11    将扭转后的头发用发卡固定在后发区。

STEP 12    将剩余的头发的发丝扭转。

STEP 13    将扭转后的头发用发卡固定，注意和一侧头发衔接在一起。

STEP 14    在后发区卷筒的位置佩戴饰品，进行点缀。

STEP 15    在后发区继续用饰品进行点缀。造型完成。

## 造型提示

此款造型以电卷棒烫发和上翻卷的手法操作而成。保留的发丝要自然垂落，不要将头发烫得过于有弹性。

STEP 01　将后发区的头发用皮筋扎成左右两个较低的马尾。

STEP 02　将马尾分别向内翻转，将剩余的头发继续扎成马尾。

STEP 03　继续将马尾从缝隙里翻转过来。

STEP 04　将刘海区的头发内侧倒梳，用尖尾梳整理头发表面的纹理和层次。

STEP 05　将刘海区倒梳后的头发扭转，不要过于用力，否则会降低造型蓬松的层次感。

STEP 06　将扭转后的头发用发卡固定。

STEP 07　将剩余的发尾继续扭转并固定，和上方的头发衔接在一起。

STEP 08　将后发区剩余的头发以鱼骨辫的形式编发，注意发辫要编得相对松散些。

STEP 09　将编好的鱼骨辫用皮筋固定，向上提拉并翻转。

STEP 10　将翻转后的鱼骨辫用发卡固定，注意用手将发辫抽得相对松散些。

STEP 11　将剩余的头发继续以鱼骨辫的形式编发。

STEP 12　将编好的发辫向上提拉并翻转。

STEP 13　将翻转后的发辫用发卡固定。

STEP 14　在刘海区和顶发区的衔接处佩戴皇冠，进行点缀。

STEP 15　在后发区佩戴饰品。造型完成。

## 造型提示

此款造型以扎马尾和鱼骨辫编发的手法操作而成。最重要的是前发区饱满的层次感，不要将其梳理得过于光滑，而是要乱而有序。

STEP 01    将刘海区的头发内侧倒梳，制造蓬松感，用尖尾梳处理表面纹理。

STEP 02    将刘海区的头发高角度提拉，将内侧倒梳。

STEP 03    将侧发区的头发以三连编的形式向后发区编发。

STEP 04    将另一侧的头发以三带一的形式编发。

STEP 05    将编好的发辫固定在一侧的位置。

STEP 06    将剩余后发区的头发以三股辫的形式编发。

STEP 07    将编好的发辫用皮筋固定，向内扭转。

STEP 08    将发辫扭转，用发卡固定。

STEP 09    将剩余的头发以三股辫的形式编发，注意保持适当的松散度。

STEP 10    将发辫编至发尾，用皮筋固定，向上扭转并固定。

STEP 11    将剩余的头发继续以三股辫的形式编发。

STEP 12    将编好的发辫向上扭转并固定，注意和两侧的头发衔接在一起。

STEP 13    用暗卡将几股发辫衔接得更牢固。

STEP 14    在顶发区和后发区的衔接处佩戴饰品，进行点缀。造型完成。

## 造型提示

此款发型以三股辫编发和
三带一编发的手法操作而成。
注意刘海区的层次的饱满度，
可以利用尖尾梳的尖尾对
其进行细节调整。

STEP 01　用电卷棒将头发烫成卷，在刘海区和侧发区的交界处佩戴饰品。

STEP 02　将刘海区的头发向上翻卷，注意用刘海区的头发覆盖饰品固定的位置。

STEP 03　将侧发区的头发向后发区扭转并固定。

STEP 04　将另一侧发区的头发继续向后发区扭转并固定。

STEP 05　在固定的时候注意用手调整发丝表面的层次感。

STEP 06　将后发区剩余的头发以四股辫的形式编发，注意保持适当的松散度。

STEP 07　将编好的发辫向上提拉，翻转打卷并固定。

STEP 08　将剩余的头发以三股辫的形式编发，注意保持适当的松散度。

STEP 09　将编好的发辫向上扭转并固定，注意和之前固定的发辫形成衔接。

STEP 10　用手整理发辫表面的纹理和层次。

STEP 11　将剩余的头发以四股辫的形式编发，注意保持适当的松散度。

STEP 12　将编好的发辫向上提拉，扭转并固定。

STEP 13　用手调整固定后头发的层次和纹理。造型完成。

## 造型提示

此款发型以上翻卷和三股辫编发的手法操作而成。注意刘海区的上翻卷应呈现饱满的感觉，并与饰品相互协调。

STEP 01　将侧发区的头发向后发区扭转并固定。

STEP 02　将另一侧发区的头发继续向内扭转并固定。

STEP 03　在前发区额头的位置佩戴饰品，进行点缀。

STEP 04　在两侧的位置继续固定饰品，强调造型的华丽感。

STEP 05　将后发区的头发内侧倒梳，将表面梳光，向上翻卷并固定。

STEP 06　将剩余的发尾继续扭转。

STEP 07　将后发区剩余的头发继续向内扭转。

STEP 08　将剩余的头发继续扭转。

STEP 09　将另一侧剩余的头发内侧倒梳，将表面梳光，继续向内扭转并固定。

STEP 10　继续取发片，向内扭转并固定。

STEP 11　将扭转后的头发用发卡固定。造型完成。

## 造型提示

此款发型以上翻卷的手法
操作而成。在后发区要用向
上翻卷的头发对链子的固定
位置进行细致的修饰。

STEP 01　将侧发区的头发以三带一的形式编发，注意保持适当的松散度。

STEP 02　将编好的发辫向内扭转，边扭转边用手将发辫拉出纹理和层次。

STEP 03　将发辫的发尾拉得松散且具有纹理感。

STEP 04　将另一侧的头发以三带一的形式编发。

STEP 05　将编好的发辫向内扭转，注意将发辫拉出纹理和层次。

STEP 06　将发辫剩余的发尾继续拉出层次。

STEP 07　将剩余的头发以三连编的形式编发，注意保持适当的松散度。

STEP 08　将编好的发辫向上提拉并扭转。

STEP 09　将扭转后的发辫固定，将剩余的头发继续以三股辫的形式编发。

STEP 10　将编好的发辫向一侧提拉并固定。

STEP 11　将剩余的头发继续以三股辫的形式编发。

STEP 12　用手将发辫拉松散，并拉出纹理和层次。

STEP 13　用发卡将发辫固定，在前发区的位置佩戴造型纱。

STEP 14　用手整理造型纱的边缘。

STEP 15　在造型纱和头发的交界处佩戴造型花，进行点缀。造型完成。

## 造型提示

此款造型以三带一编发和三连编编发的手法操作而成。注意头顶造型纱的固定要呈现轻盈的感觉，不要固定得过紧。

另外要将发尾隐藏在饰品中。

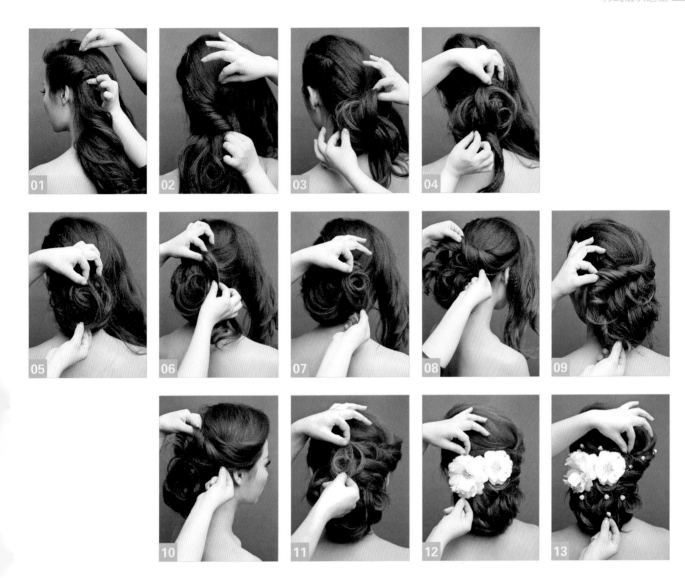

STEP 01　　将侧发区的头发内侧表面梳光，向内扭转并固定。

STEP 02　　将后发区的头发内侧倒梳，将表面梳光，继续向内扭转。

STEP 03　　将剩余的发尾向上提拉，扭转出层次。

STEP 04　　将剩余的头发继续扭转出层次。

STEP 05　　将扭转后的头发用发卡固定。

STEP 06　　用手继续调整发丝的纹理和层次。

STEP 07　　将最后一片发片向上提拉，扭转并打卷。

STEP 08　　将侧发区的头发内侧倒梳，向后发区扭转。

STEP 09　　将头发扭转至一侧，用发卡固定。

STEP 10　　用手调整头发表面的纹理和层次。

STEP 11　　继续调整发尾剩余的头发。

STEP 12　　在后发区佩戴花朵饰品，进行点缀。

STEP 13　　在后发区不规则地用插珠进行点缀。造型完成。

## 造型提示

此款发型以倒梳和打卷的
手法操作而成。注意刘海区
的头发要呈现出饱满的弧
度感，要做到光滑而
不死板。

STEP 01　将侧发区的头发在后发区用皮筋固定成马尾。

STEP 02　将发辫从皮筋中穿过来。

STEP 03　将顶发区的头发向下以四股辫的形式编发。

STEP 04　将后发区剩余的头发内侧倒梳，将表面梳光，向上翻卷。

STEP 05　将翻卷后的头发用发卡固定，将剩余的发尾继续向下扣卷。

STEP 06　继续将剩余的头发内侧倒梳，向内扭转。

STEP 07　继续将另一侧发尾向内扭转，用发卡将扭转后的头发固定。

STEP 08　继续将剩余的头发向上提拉，扭转打卷并固定。

STEP 09　继续将另一侧发区剩余的头发向后发区扭转并打卷。

STEP 10　将扭转后的头发用发卡固定，注意和后发区的头发形成衔接。

STEP 11　提拉刘海区的头发，将内侧倒梳。

STEP 12　将倒梳后的头发向后发区扭转并固定。

STEP 13　将剩余的发尾继续扭转并打卷。

STEP 14　在顶发区和后发区的交界处佩戴造型花，进行点缀。

STEP 15　在后发区不规则地点缀插珠，修饰造型。造型完成。

## 造型提示

此款造型以扎马尾和打卷的
手法操作而成。后发区的发卷
不要梳理得过于光滑，但也不
能凌乱，自然的质感更加
适合花材饰品。

STEP 01　用中号电卷棒将头发向后翻卷，以后发区中心线为准，左右两侧均向后翻。

STEP 02　将后发区的部分头发倒梳，增加发量和衔接感，向上翻卷。

STEP 03　将头发固定好，调整发尾留出的层次感。

STEP 04　在后发区底部取头发，继续向上翻卷并固定。

STEP 05　调整头发固定的角度及轮廓的饱满度，发卡要隐藏好。

STEP 06　将后发区另外一侧的头发扭转并向上提拉。

STEP 07　将头发在后发区的另外一侧固定。

STEP 08　将顶发区的头发向一侧扭转。

STEP 09　使扭转好的头发隆起一定的高度并将其固定。

STEP 10　将刘海区和两侧发区剩余的头发向后梳理，使其蓬起一定的高度。

STEP 11　在刘海区后方将蓬起的头发固定。

STEP 12　将侧发区的剩余头发向后提拉，扭转并固定。

STEP 13　在后发区一侧调整头发固定的层次。

STEP 14　向上扭转头发，收尾并固定。

STEP 15　在一侧佩戴饰品，点缀造型，注意隐藏好固定的发卡。造型完成。

### 造型提示

此款造型以上翻卷和电卷棒烫发的手法操作而成。后发区的轮廓不是收紧的，而是具有一定的弧度感。另外刘海区向后蓬起的头发表面不是光滑干净的，而是具有一定的发丝纹理和层次感。